效果欣赏

U0377969

🎬 **实训案例：动画海报**

🎬 **实训案例：换个心情**

🎬 **实训案例：爱的留念**

🎬 **实训案例：北京欢迎你**

🎬 **实训案例：《念奴娇·赤壁怀古》**

综合实训：电影节

实训案例：非洲动物

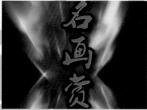

实训案例：灰色记忆

实训案例：名画赏析

综合实训：喵星人

实训案例：气球飞扬

实训案例：爱电影

实训案例：时间记忆

🎬 关键帧动画

🎬 实训案例：视频变速

🎬 综合实训：新闻联播

🎬 实训案例：一叶知秋

高等院校数字艺术设计系列教材

Premiere Pro CC

影视编辑 技术教程 （第二版）

刘晓宇 编著

清华大学出版社
北京

内 容 简 介

本书全面而系统地讲解了视频编辑软件Premiere Pro CC的操作方法和编辑技巧。全书共分13章，前10章介绍视频制作基础、Premiere Pro CC的工作界面、素材的采集和导入、素材管理、素材剪辑、关键帧动画、视频特效、视频过渡特效、音频特效、字幕效果和视频输出等内容。最后3章通过综合实训案例将基础功能进行整合，使读者将所学知识融会贯通，积累制作经验，逐渐提升技术水平。

本书附带1张DVD光盘，内容包括书中案例的素材、源文件和教学视频，使读者提高学习兴趣，提升学习效率。

本书可作为各高等院校、职业院校和培训学校的相关专业教材使用，也可作为广大视频编辑爱好者或相关从业人员的自学手册和参考资料。

图书在版编目(CIP)数据

Premiere Pro CC影视编辑技术教程 / 刘晓宇　编著. —2版. —北京：清华大学出版社，2016（2023.8重印）
(高等院校数字艺术设计系列教材)
ISBN 978-7-302-43647-8

Ⅰ. ①P…　Ⅱ. ①刘…　Ⅲ. ①视频编辑软件—高等学校—教材　Ⅳ. ①TN94

中国版本图书馆CIP数据核字(2016)第083599号

责任编辑：李　磊
封面设计：王　晨
责任校对：成凤进
责任印制：杨　艳

出版发行：清华大学出版社
　　　　　网　　　　址：http://www.tup.com.cn，http://www.wqbook.com
　　　　　地　　　　址：北京清华大学学研大厦A座　　　　　邮　　编：100084
　　　　　社　总　机：010-83470000　　　　　　　　　　邮　　购：010-62786544
　　　　　投稿与读者服务：010-62776969，c-service@tup.tsinghua.edu.cn
　　　　　质　量　反　馈：010-62772015，zhiliang@tup.tsinghua.edu.cn

印　装　者：大厂回族自治县彩虹印刷有限公司
经　　销：全国新华书店
开　　本：190mm×260mm　　印　张：25.25　插　页：2　字　数：613千字
　　　　　(附DVD光盘1张)
版　　次：2010年1月第1版　2016年7月第2版　　　　　印　次：2023年8月第8次印刷
定　　价：59.00元

产品编号：068739-02

随着科技的发展，数字剪辑技术不断进步，并且日趋成熟，由原先的专业技术人员才会制作，逐渐向普通大众皆可制作自己的影片而发展。Adobe 公司的 Premiere 软件经过长期的演变与发展，凭借专业、简洁、方便、实用的优点，在影视、广告、包装等领域被普遍应用，并深受众多从业者和广大爱好者喜爱。使用该软件，可以充分发挥自己的创意，制作出精彩的效果。

本书内容安排

本书比较系统地讲解了剪辑的基础知识以及 Premiere Pro CC 的安装方法、操作界面、效果命令、制作方法等方面的内容。本书共分为 13 章，内容如下。

第 1 ～ 2 章：介绍视频制作基础和 Premiere Pro CC 的工作界面，包括视频格式、电视制式、文件格式、剪辑基础知识以及软件的操作界面等。

第 3 ～ 4 章：介绍采集、导入和管理素材的基本方法以及素材剪辑基础，包括针对素材的各种操作、创建常用的新元素、编辑素材等。

第 5 章：介绍关键帧动画，包括视频动画的制作方法和技巧。

第 6 ～ 8 章：介绍视频特效、视频过渡特效和音频特效，包括各种特效的特点、制作方法以及生成的效果。

第 9 章：介绍字幕效果，包括多种字幕的制作方法和技巧。

第 10 章：介绍视频输出，包括视频输出的类型及应用。

第 11 ～ 13 章：这 3 章通过大型案例介绍各种功能和命令的综合运用。

本书编写特色

本书通过理论与实际案例相结合的方式进行讲解，可以让读者更加快捷地掌握软件命令，学习更有效率，从而提升学习兴趣，进一步提升视频剪辑技能。

本书思路明确，分类清晰，按照视频基础、界面介绍、视频导入、素材管理、素材剪辑、关键帧动画、视频特效、过渡特效、音频特效、字幕效果、视频输出和综合案例的顺序，循序渐进地进行讲解。章节内容结构完整、图文并茂、通俗易懂，并配有综合案例，适合相关专业学生作为入门知识学习，也适合视频制作的爱好者用来提高自己的水平。

本书作者

本书由刘晓宇编写，另外张乐鉴、马胜、李兴、高思、王宁、杨宝容、杨诺、白洁、张茫茫、赵晨、赵更生、陈薇、杜昌国等人也参考了部分编写工作。虽然作者在写作过程中力求严谨，但书中难免存在疏漏或不足之处，恳请广大读者批评指正。

本书配套的 PPT 课件请到 http://www.tupwk.com.cn 下载。

编　者

Premiere Pro CC | 目录

第3章 采集、导入和管理素材

第4章 素材编辑基础

第5章 关键帧动画

第6章 视频特效

第7章 视频过渡特效

第8章 音频特效

第9章 字幕效果

第10章 视频输出

第11章 综合实训：喵星人

第12章 综合实训：电影节

第13章 综合实训：新闻联播

第1章

视频制作基础

本章主要介绍视频编辑和制作的基础常识、格式规范以及一些剪辑技巧。这些知识可以帮助读者更加专业化地进行影像的处理，制作出更加标准化、专业化的视频影片。本章介绍视频制作的基础内容，包括视频格式基础、电视制式、文件格式和剪辑基础。通过这些知识的学习，读者可以对视频编辑有宏观的认识，为以后的学习奠定一定的理论基础。

1.1 视频格式基础

熟悉视频基本的组成单位和标准格式要求，可以更加有效地对视频进行编辑处理，还可以在项目设置环节选择更为合适的选项标准，设置更为准确的格式，如图1-1所示。

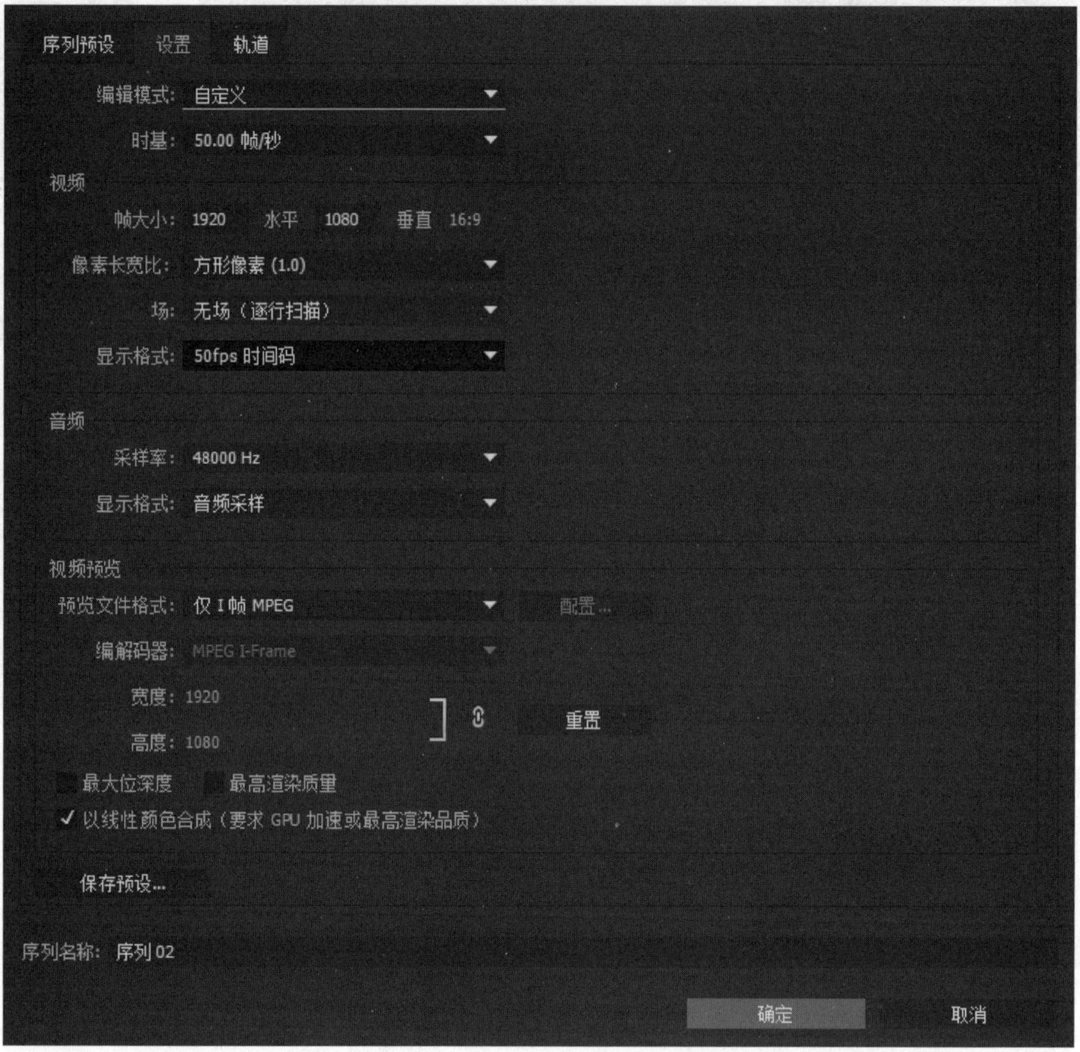

序列预设　　设置　　轨道

编辑模式： 自定义 ▼

时基： 50.00 帧/秒 ▼

视频

帧大小： 1920 水平 1080 垂直 16:9

像素长宽比： 方形像素 (1.0) ▼

场： 无场（逐行扫描） ▼

显示格式： 50fps 时间码 ▼

音频

采样率： 48000 Hz ▼

显示格式： 音频采样 ▼

视频预览

预览文件格式： 仅 I 帧 MPEG ▼ 配置...

编解码器： MPEG I-Frame ▼

宽度： 1920

高度： 1080 重置

□ 最大位深度 □ 最高渲染质量

✓ 以线性颜色合成（要求 GPU 加速或最高渲染品质）

保存预设...

序列名称： 序列 02

确定 取消

图1-1

▌▌ 1.1.1 像素 ────────────────────○

像素是构成数字图像的基本单元，通常以像素每英寸PPI(pixels per inch)为单位来表示图像分辨率的大小。把图像放大数倍时，会发现图像是由多个色彩相近的小方格所组成，这些小方格就是构成图像的最小单位，就是像素。图像中的像素点越多，色彩越丰富，图像效果越好，如图1-2所示。

低像素 高像素

图1-2

1.1.2 像素比

像素比是指图像中的一个像素的宽度与高度之比，方形像素比为1.0(1：1)，矩形像素比则非1：1。一般计算机像素为方形像素，电视像素为矩形像素。

中国电视图像的画面像素为矩形像素，像素比非1：1。中国电视所使用的制式标准为PAL-D，画面宽高比为4：3，分辨率为720×576，像素比为16：15=1.067，如图1-3所示。

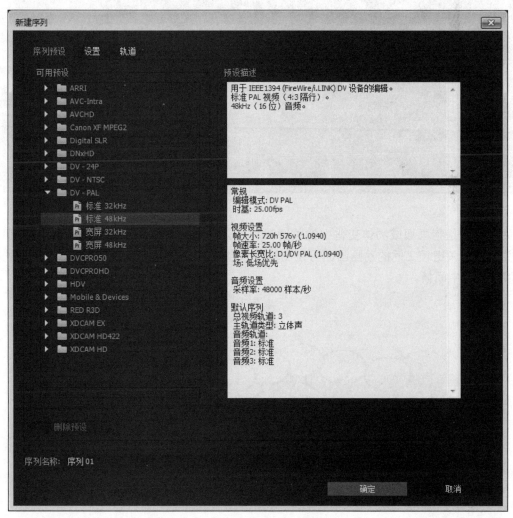

图1-3

▌1.1.3 画面大小

数字图像是以像素为单位表示画面的高度和宽度。标准的画面像素大小有许多种，如DV画面像素大小为720×576，HDV画面像素大小为1280×720和1400×1080，HD高清画面像素大小为1920×1080等。用户也可以根据需要，自定义画面的大小。

▌1.1.4 帧

帧就是动态影像中的单幅影像画面，是动态影像的基本单位，相当于电影胶片上的每一格镜头，如图1-4所示。一帧就是一个静止的画面，多个画面逐渐变化的帧快速播放，就形成了动态影像。

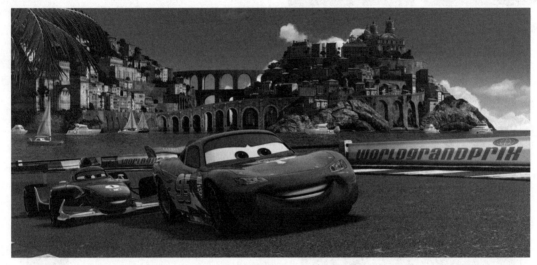

图1-4

关键帧就是指画面或物体变化中的关键动作所处的那一帧，即比较关键的帧，如图1-5所示。关键帧与关键帧之间的动画画面可以由软件来创建，这一过程称为补间动画，中间的帧称为过渡帧或者中间帧。

图1-5

▊▊1.1.5 帧速率

帧速率就是每秒钟显示的静止图像的帧数，通常用fps(Frames Per Second)表示。帧速率越高，影像画面的动画就越流畅。如果帧速率过小，视频画面就会不连贯，影响观看效果。电影的帧速率为24fps，中国电视的帧速率为25fps。通过改变帧速率的方式，可以达到快速镜头或慢速镜头的表现效果。

▊▊1.1.6 时间码

时间码(Time Code)是摄像机在记录图像信号的时候，针对每一幅图像记录的唯一的时间编码。数据信号流为视频中的每一帧都分配一个数字，每一帧都有唯一的时间码，格式为"小时:分钟:秒钟:帧"。例如，01:45:17:10表示为1小时45分钟17秒10帧。

▊▊1.1.7 视频记录方式

视频记录方式有两种，分别是数字信号(Digital)记录方式和模拟信号(Analog)记录方式。

数字信号记录方式就是用二进制数记录数据内容，通常用于新型视频设备，如DV、DC、平板电脑和智能手机等。数字信号可以通过有线或无线方式进行传播，传输质量不受距离因素的影响。

模拟信号记录方式就是以连续的波形记录数据，通常用于传统视频设备。模拟信号可以通过有线或无线方式进行传播，传输质量随着距离的增加而衰减。

▊▊1.1.8 扫描格式

扫描格式是视频标准中最基本的参数，主要包括图像在时间和空间上的抽样参数，即每行的像素数、每秒的帧数，以及隔行扫描或逐行扫描。

扫描格式主要有两大类，即525/59.94和625/50，前者是每帧的行数，后者是每秒的场数。NTSC制式的场频是59.940 059 94Hz，行频是15 734.265 73Hz；PAL制式的场频是50Hz，行频是15 625Hz。

在数字视频领域，通常用水平、垂直像素数和帧频率来表示扫描格式，例如720×576，25Hz和720×480，29.97Hz等。

▊▊1.1.9 扫描方式

在将光信号转换为电信号的扫描过程中，扫描总是从图像的左上角开始，水平向前行进，同时扫描点也以较慢的速率向下移动。当扫描点到达图像右侧边缘时，扫描点快速返回左侧，重新开始在第一行的起点下面进行第二行扫描，行与行之间的返回过程称为水平消隐。一幅完整的图像扫描信号，由水平消隐间隔分开的行信号序列构成，称为一帧。扫描点扫描完一帧后，要从图像的右下角返回到图像的左上角，开始新一帧的扫描，这一时间间隔，叫作垂直消隐。PAL制式信号采用每帧扫描625行，NTSC制式信号采用每帧扫描525行。

按照行的扫描顺序，可以分为交错式扫描和非交错式扫描，也称为隔行扫描和逐行扫描两种扫描方式。

1.1.10　场

交错式扫描就是先扫描帧的奇数行得到奇数场，再扫描偶数行得到偶数场。每一帧由两个场组成，奇数场和偶数场又称为上场和下场。场以水平分隔线的方式隔行保存帧的内容，在显示时可以选择优先显示上场内容或下场内容。在Premiere Pro CC 2015软件中，称为高场和低场。

计算机操作系统是以非交错扫描形式显示视频的，非交错式扫描是比交错式扫描更为先进的扫描方式，每一帧图像一次性垂直扫描完成，即为无场。

1.2　电视制式

电视制式就是用来实现电视图像或声音信号所采用的一种技术标准，电视信号的标准简称为制式。由于世界上各个国家所执行的电视制式的标准不同，电视制式也是有区别的，主要表现在帧速率、分辨率和信号带宽等多方面。世界上主要使用的电视制式有NTSC、PAL和SECAM这3种，分布在世界各个国家和地区，如图1-6所示。

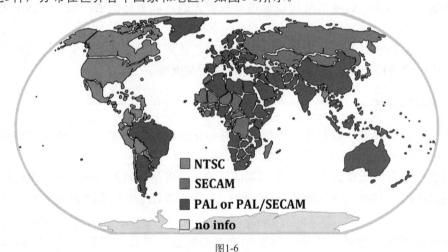

图1-6

1.2.1　NTSC制式

NTSC(National Television Standards Committee，美国国家电视标准委员会)制式一般被称为正交调制式彩色电视制式，是1952年由美国国家电视标准委员会指定的彩色电视广播标准，采用正交平衡调幅的技术方式。

采用NTSC制式的国家和地区有中国台湾、日本、韩国、菲律宾、美国和加拿大等。

1.2.2　PAL制式

PAL(Phase Alternating Line，逐行倒相)制式一般被称为逐行倒相式彩色电视制式，是西德在1962年指定的彩色电视广播标准，它采用逐行倒相正交平衡调幅的技术方法，克服了NTSC制式相位敏感造成色彩失真的缺点。

采用PAL制式的国家有德国、中国、英国、意大利和荷兰等。PAL制式根据不同的参数细节，进一步划分为G、I、D等制式，中国采用的制式是PAL-D制式。

1.2.3　SECAM制式

SECAM制式一般被称为轮流传送式彩色电视制式，是法国在1956年提出、1966年制定的一种新的彩色电视制式。

采用SECAM制式的国家和地区有法国、东欧、非洲各国和中东一带。

1.3　文件格式

在项目编辑的过程中会遇到多种图像、音频和视频格式，掌握这些格式的编码方式和特点，可以更好地选择合适的格式进行应用。

1.3.1　编码压缩

由于一些文件过大，导致占用空间较多，为了节省空间和方便管理，需要将文件重新压缩编码计算，以便得到更好的效果。压缩分为无损压缩和有损压缩两种。

无损压缩就是压缩前后数据完全相同，没有损失。有损压缩就是损失一些人所不敏感的音频或图像信息，以减小文件体积。压缩的比重越大，文件损失数据就会越多，压缩后效果就越差。

1.3.2　图像格式

图像格式是计算机存储图像的格式，常见的图像格式有GIF格式、JPEG格式、BMP格式和PSD格式等。

1. GIF格式

GIF格式全称为Graphics Interchange Format，属于图形交换格式，是一种基于LZW算法的连续色调的无损压缩格式。GIF格式的压缩率一般在50%左右，支持的软件较为广泛。GIF格式可以在一个文件中存储多幅彩色图像，并可以逐渐显示，构成简单的动画效果。

2. JPEG格式

JPEG格式全称为Joint Photographic Expert Group，是最常用的图像文件格式之一，由软件开发联合会组织制定，是一种有损压缩格式，能够将图像压缩在很小的储存空间中。JPEG格式是目前网络上最流行的图像格式，可以把文件压缩到最小，就是用最少的磁盘空间得到较好的图像品质。

3. TIFF格式

TIFF格式全称为Taggad Image File Format，这是由Aldus和Microsoft公司为桌上出版系统研

制开发的一种较为通用的图像文件格式。TIFF格式支持多种编码方法，是图像文件格式中较复杂的格式，具有扩展性、方便性、可改性等特点，多用于印刷领域。

4. BMP格式

BMP格式全称为Bitmap，是Windows环境中的标准图像数据文件格式。BMP格式采用位映射存储格式，不采用其他任何压缩，所需空间较大，支持的软件较为广泛。

5. TGA格式

TGA格式又称为Targa，全称为Tagged Graphics，是一种图形图像数据的通用格式，是多媒体视频编辑转换的常用格式之一。TGA格式对不规则形状的图形图像支持较好，它支持压缩，使用不失真的压缩算法。

6. PSD格式

PSD格式全称为Photoshop Document，是Photoshop图像处理软件的专用文件格式。PSD格式支持图层、通道、蒙版和不同色彩模式的各种图像特征，是一种非压缩的原始文件保存格式。PSD格式保留了图像的原始信息和制作信息，方便软件处理修改，但文件较大。

7. PNG格式

PNG格式全称为Portable Network Graphics，是便携式网络图形，PNG格式能够提供比GIF格式还要小的无损压缩图像文件，并且保留了通道信息，可以制作背景为透明的图像。

▌▌1.3.3 视频格式

视频格式是计算机存储视频的格式，常见的视频格式有MPEG格式、AVI格式、MOV格式和3GP格式等。

1. MPEG格式

MPEG(Moving Picture Experts Group，动态图像专家组)是针对运动图像和语音压缩制定国际标准的组织。MPEG标准的视频压缩编码技术主要利用了具有运动补偿的帧间压缩编码技术，以减小时间冗余度，大大增强了压缩性能。MPEG格式被广泛应用于各个商业领域，成为主流的视频格式之一。MPEG格式包括MPEG-1、MPEG-2和MPEG-4等。

2. AVI格式

AVI格式全称为Audio Video Interleaved，即音频视频交错格式，是将语音和影像同步组合在一起的文件格式。通常情况下，一个AVI文件里会有一个音频流和一个视频流。AVI格式文件是Windows操作系统中最基本的也是最常用的一种媒体格式文件。AVI文件作为主流的视频文件格式之一，被广泛应用于影视、广告、游戏和软件等领域，但由于该文件格式占用内存较大，经常需要进行一些压缩。

3. MOV格式

MOV(QuickTime)是 Apple(苹果)公司创立的一种视频格式，是一种优秀的视频编码格式，也是常用的视频格式之一。

4. ASF格式

ASF(Advanced Streaming Format，高级流格式)是一种可以在网上即时观赏的视频流媒体文件压缩格式。

5. WMV格式

Windows Media格式输出的是WMV格式文件，其全称是Windows Media Video，是微软公司推出的一种流媒体格式。在同等视频质量下，WMV格式的文件可以边下载边播放，很适合在网上播放和传输，因此也成为常用的视频文件格式之一。

6. 3GP格式

3GP是一种3G流媒体的视频编码格式，主要是为了配合3G网络的高传输速度而开发的，也是手机中较为常见的一种视频格式。

7. FLV格式

FLV是Flash Video的简称，是一种流媒体视频格式。FLV格式的文件体积小，方便网络传输，多用于网络视频播放。

8. F4V格式

F4V格式是Adobe公司为了迎接高清时代而推出的继FLV格式后的支持H.264的F4V流媒体格式。F4V格式和FLV格式主要的区别在于，FLV格式采用的是H263编码，而F4V则支持H.264编码的高清晰视频。文件大小相同的情况下，F4V格式文件更加清晰流畅。

1.3.4 音频格式

音频格式是计算机存储音频的格式，常见的音频格式有WAV格式、MP3格式、MIDI格式和WMA格式等。

1. WAV格式

WAV是微软公司开发的一种声音文件格式。该格式支持多种压缩算法，支持多种音频位数、采样频率和声道，标准WAV格式是44.1K的采样频率，速率88K/s，16位。支持WAV格式的软件较为广泛。

2. MP3格式

MP3全称为MPEG Audio Player 3，是MPEG标准中的音频部分，也就是MPEG音频层。MP3格式采用保留低音频、高压高音频的有损压缩模式，具有10∶1～12∶1的高压缩率，因此MP3格式文件体积小、音质好，成为较为流行的音频格式。

3. MIDI格式

MIDI(Musical Instrument Digital Interface，乐器数字接口)，是编曲界最广泛的音乐标准格式。MIDI格式用音符的数字控制信号来记录音乐，在乐器与电脑之间以较低的数据量进行传输，存储在电脑里的数据量也相当小，一个MIDI文件每存1分钟的音乐只用大约5～10KB。

4. WMA格式

WMA(Windows Media Audio)是微软公司推出的音频格式，该格式的压缩率一般都可以达到1：18左右，其音质超过MP3格式，更远胜于RA(Real Audio)格式，成为广受欢迎的音频格式之一。

5. Real Audio**格式**

Real Audio(简称RA)是一种可以在网上实时传输和播放的音频流媒体格式。Real的文件格式主要有RA(Real Audio)、RM(Real Media，Real Audio G2)和RMX(Real Audio Secured)等。RA文件压缩比例高，可以随网络带宽的不同而改变声音的质量，带宽高的听众可以听到较好的音质。

6. AAC**格式**

AAC(Advanced Audio Coding，高级音频编码)是杜比实验室提供的技术。AAC格式是遵循MPEG-2的规格所开发的技术，可以在比MP3格式小30%的体积下，提供更好的音质效果。

1.4 剪辑基础

剪辑就是将影片制作中所拍摄的大量镜头素材利用非线性编辑软件，并遵循一定的镜头语言和剪辑规律，经过选择、取舍、分解和组接，最终完成一个连贯流畅、主题明确的艺术作品。在影片制作中需要将镜头重新裁剪编辑处理，使其达到更好的表达效果，因此需要了解剪辑的基础知识，以方便以后的学习理解。

1.4.1 非线性编辑

非线性编辑是相对于传统的以时间顺序进行线性编辑而言的。非线性编辑借助计算机来进行数字化制作，几乎所有的工作都在计算机中完成，不依靠外部设备，打破了传统时间顺序编辑的限制，能够根据制作需求自由排列组合，具有快捷简便、随机的特性，如图1-7所示。

图1-7

非线性编辑的工作流程一般可以分为3个步骤，分别是输入、编辑和输出环节。由于不同非线性编辑软件的功能差异，使用流程也可以进一步细化。本书所讲解的Premiere Pro软件，根据自身特点其操作流程大致分为5个步骤，分别是素材导入、素材编辑、特效处理、字幕制作和项目输出。

1.4.2　镜头

在影视作品的前期拍摄中，镜头是指摄像机从启动到关闭这段时间内不间断摄取的一段画面的总和。在后期编辑时，镜头可以指两个剪辑点间的一组画面。在前期拍摄中的镜头是影片组成的基本单位，也是非线性编辑的基础素材。非线性编辑软件就是对镜头的重新组接和裁剪编辑处理。

1.4.3　景别

景别是指由于摄像机与被摄体的距离不同，而造成被摄体在镜头画面中呈现出范围大小的区别。景别的划分，一般可分为5种，由近至远分别为特写、近景、中景、全景、远景，如图1-8所示。

图1-8

不同的景别所包含的内容和信息是不同的，所表述的镜头语言也是不同的。在电影中，导演和剪辑师利用复杂多变的场面调度和镜头调度，交替地使用各种不同的景别，可以使影片剧情的叙述、人物思想感情的表达、人物关系的处理更具有表现力，从而增强影片的艺术感染力。

在后期处理的非线性软件编辑过程中，可以通过缩放特效，模拟改变画面的景别。

1.4.4　运动拍摄

运动拍摄就是指在一个镜头中通过移动摄像机机位，或者改变镜头焦距所进行的拍摄。通过这种拍摄方式所拍到的画面，称为运动画面。通过推、拉、摇、移、跟、升降摄像机和综合运动摄像机，可以形成推镜头、拉镜头、摇镜头、移镜头、跟镜头、升降镜头和综合运动镜头等运动镜头画面。

在后期处理的非线性软件编辑过程中，可以通过缩放和位移等特效属性，模拟摄像机镜头运动，形成运动镜头画面效果。

1.4.5 蒙太奇

蒙太奇是剪辑过程中的一个基本概念。蒙太奇原指建筑学上的搭配和构成，在影视领域意为镜头的剪辑和组合，即影片构成形式和构成方式的总称。

在电影的制作中，导演按照剧本或影片的主题思想，分别拍成许多镜头，然后再按原定的创作构思，把这些不同的镜头有机、艺术地组织、剪辑在一起，使之产生连贯、对比、联想、衬托悬念等联系以及快慢不同的节奏，从而有选择地组成一部反映一定的社会生活和思想感情、为广大观众所理解和喜爱的影片，这些构成形式与构成方式，就叫蒙太奇。

电影蒙太奇具有两个重要的作用。一是使影片轻松自如地交替变换使用叙述的角度，如从创作者的客观叙述到角色人物内心的主观表现，或者通过人物的眼睛看到某种事态。这样变换使用镜头，可以使影片富于变化，叙述更为明确流畅。二是通过镜头变换运动的节奏影响观众的心理活动。

1.4.6 镜头组接

镜头组接，就是将拍摄的画面镜头按照一定的构思和逻辑，有规律地串联在一起。一部影片是由许多镜头合乎逻辑地、有节奏地组接在一起，从而清楚地表达作者的阐释意图。在后期剪辑的过程中，需要遵循镜头组接的规律，使影片表达得更为连贯流畅。画面组接的一般规律就是动接动、静接静和声画统一等。

如果影片画面中同一主体或不同主体的动作是连贯的，可以利用动作镜头组接动作镜头的方式，达到镜头流畅过渡的目的，简称为"动接动"。如果两个画面中的主体运动是不连贯的，那么这两个镜头的组接必须在前一个画面主体做完一个完整动作停下来后，衔接画面开始是静止的镜头，这就是"静接静"。"静接静"组接时，前一个镜头结尾停止的片刻叫"落幅"，后一镜头运动前静止的片刻叫作"起幅"，起幅与落幅时间间隔大约为1~2秒钟。

运动镜头和固定镜头组接，同样需要遵循"动接动"、"静接静"的规律。当一个固定镜头要接一个运动镜头时，则运动镜头开始要有"起幅"。相反一个运动镜头接一个固定镜头时，运动镜头要有"落幅"，否则画面就会给人一种跳动的视觉感。为了达到一些特殊效果，有时也会使用"静接动"或"动接静"的镜头。

第2章

I 了解Premiere Pro CC

本章主要对Premiere Pro CC 2015进行初步的介绍，让读者了解软件的特点、使用环境、工作界面以及软件的命令功能。

2.1 Premiere Pro CC简介

Premiere软件是Adobe公司的一款优秀的专业视频编辑软件，专业、简洁、方便、实用是其突出的特点，并在剪辑领域广为使用。Premiere Pro CC 2015更是目前最新最强大的版本，在影视、广告、包装等专业领域普遍应用，如图2-1所示。Premiere软件提供了采集、剪辑、调色、美化音频、字幕添加、输出、DVD刻录的一整套流程，并和其他Adobe软件高效集成，帮助用户完成在编辑、制作等工作流程上遇到的所有挑战，满足用户创建高质量作品的要求。

图2-1

Premiere软件与Adobe公司的After Effects和Photoshop软件有很多相似之处，但作用和功能更有许多不同的地方。After Effects与Premiere软件极为相似，尤其是近几年Premiere软件版本的升级，融合了许多After Effects软件的功能。After Effects软件是一套动态图形的设计工具和特效合成软件，结构以及操作都比Premiere软件更复杂，主要应用于制作视觉特效和媒体包装，如图2-2所示。Photoshop软件则与这两款软件有所不同，Photoshop软件是图像处理软件，用于处理静态图形图像，主要是对单帧图形图像的美化处理，如图2-3所示。虽然这几款软件的许多效果功能很相似，但处理素材的侧重点是有所不同的，需要广大用户选择适合的软件进行处理。

图2-2

图2-3

2.2 Premiere Pro CC的新功能

Premiere Pro CC 2015是Adobe公司Premiere Pro系列软件中的最新版本，添加了许多新的功能，使Premiere Pro CC变得更强大，更方便用户的使用。

1. 在线图像库

Premiere Pro CC与Stock Service合为一体化，可以在Stock Service上选择免版税的图片和图形，并将选择好的图形图像保存到Creative Cloud(创意云)的个人收藏夹中，方便用户保存使用。

2. 一个镜头的无缝剪辑

使用脸部追踪和帧插值技术可以做到无缝剪辑。新增加的Morph Cut特效可以让两个剪辑素材之间进行融合过渡，做到无缝剪辑的目的，使视频中的跳切镜头过渡得更为流畅，如图2-4所示。

图2-4

3. Premiere Clip工程的进一步编辑

Premiere Clip是在苹果系统上的一个App软件，是可以在移动设备上使用的剪辑软件。Premiere Clip能够进行简单剪辑，由于受到很多的局限性，功能不够强大。Premiere Pro CC支持此文件导入到软件中，进行进一步的编辑修改。

4. 外部显示器上超优的响应速度

改进的Mercury Transmit效能大幅提升了在外部高分辨率显示器上的响应速度及播放可靠性。

5. 简化了音频工作流程

简化了音频工作流程，将调音台面板集成为【音频轨道混合器】，配音录制、方便的音频通道映射、多通道出口等，可让音频文件动态连接到Audition软件中编辑修改。

6. 简易的Lumetri Color颜色面板

该面板结合了Adobe SpeedGrade CC和Lightroom CC的颜色调整技术，采用了简易的直观式滑块控制，适用于从简单色彩校正到复杂Lumetri Looks调色的所有功能。如果想进一步进行调整，就经由Direct Link将项目传送到SpeedGrade中。

7. Adobe应用程序的素材共享

通过Creative Cloud(创意云)，可以让Premiere Pro、After Effects或其他应用程序所提供的Creative Cloud Libraries选取图形素材，方便用户在项目之间、团队成员之间或Adobe公司的应用程序之间资源共享。此更新功能主要使用了Creative Cloud(创意云)中的功能，服务于Adobe公司的软件，类似于网盘的效果。

8. 自适应视频长度

自动调整影片长度，以符合特定的需求。Adobe Media Encoder中包含的Time Tuner会自动在场景变化时，在安静的音频片段，以及具有静态影像或低视觉活动的片段中加入或移除帧。

9. 轻松将隐藏字幕转变成字幕

使用包含的Adobe Media Encoder可将隐藏字幕构建成字幕。

10. 取得更多原生格式支持

支持Canon XF-AVC和Panasonic 4K_HS原生格式。Premiere Pro 引领业界对原生格式的支持。

11. 触摸式编辑体验

通过混合设备可以在时间线上移动剪辑片段，直接通过触摸屏幕调整参数。

12. 工作区的优化

工作区的优化帮助你更高效率地工作，可以自定义面板和自由切换各个面板，建立自定义的工作区版本。在触屏设备上手指轻点即可切换工作区。

2.3 Premiere Pro CC的配置要求

随着Premiere Pro系列软件功能的提高，对计算机系统的运行环境也有一定的要求。下面介绍一下Premiere Pro CC在Windows和Mac OS X系统上的配置要求。

1. Windows版本

☆ 英特尔®酷睿™2双核以上或AMD羿龙®II以上处理器。

☆ Microsoft ®Windows®7，带有Service Pack 1(64位)或Windows 8(64位)。

☆ 4GB RAM(建议使用8GB)。

☆ 4GB可用硬盘空间用于安装。

☆ 需要额外的磁盘空间预览文件和其他工作档案(建议使用10GB)。

☆ 1280×800显示器。

☆ 7200 RPM或更快的硬盘驱动器。

☆ 声卡兼容ASIO协议或Microsoft Windows驱动程序模型。

☆ QuickTime功能所需的QuickTime 7.6.6软件。

☆ 可选：Adobe认证的GPU卡的GPU加速性能。

☆ 互联网连接，并登记激活所需的软件、会员验证和访问在线服务。

2. Mac OS X版本

☆ 多核英特尔处理器。

☆ Mac OS X的10.7版或v10.8。

☆ 4GB RAM(建议使用8GB)。

☆ 4GB可用硬盘空间用于安装。

☆ 需要额外的磁盘空间预览文件和其他工作档案(建议使用10GB)。

☆ 1280×800显示器。

☆ 7200转硬盘驱动器。

☆ QuickTime功能所需的QuickTime 7.6.6软件。

☆ 可选：Adobe认证的GPU卡的GPU加速性能。

☆ 互联网连接，并登记激活所需的软件、会员验证和访问在线服务。

2.4 Premiere Pro CC的安装

要安装Premiere Pro CC软件，用户可以先在Adobe官网注册ID，然后通过Adobe Creative Cloud来下载软件。Adobe Creative Cloud是一种数字中枢，用户可以通过它访问每个Adobe Creative Suite 6桌面应用程序、联机服务以及其他新发布的应用程序，是一种在线订阅服务，如图2-5所示。用户付费订阅，这样可以通过Creative Cloud下载CC版本的程序以及更新升级程序。在Creative Cloud的Adobe软件中选择Premiere Pro CC进行安装，或者购买下载好的程序进行安装。

Adobe® Creative Cloud™

图2-5

01 双击安装程序，如图2-6所示。

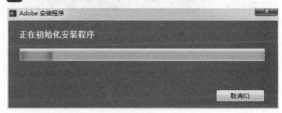

图2-6

02 初始化安装程序，如图2-7所示。

图2-7

03 进入【欢迎】界面后，选择【安装】或者【试用】，如图2-8所示。

图2-8

04 进入【需要登录】界面后，单击【登录】按钮，如图2-9所示。

图2-9

05 进入【Adobe软件许可协议】界面，阅读协议后，单击【接受】按钮，如图2-10所示。

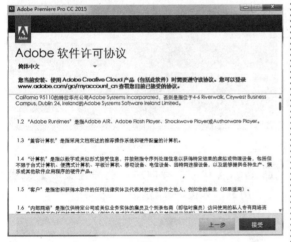

图2-10

06 进入【选项】界面后，选择语言和安装路径，单击【安装】按钮，如图2-11所示。

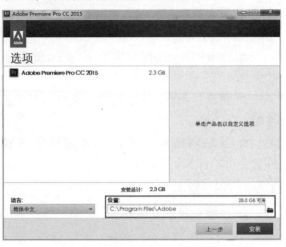

图2-11

07 进入【安装】界面后，等待安装结束即可，如图2-12所示。

图2-12

2.5 Premiere Pro CC的工作界面

在使用Premiere Pro CC软件进行剪辑之前，我们要先对其启动界面和工作界面进行一个整体的了解。

2.5.1　启动Premiere Pro CC

双击Premiere Pro CC的图标 Pr ，即可启动Premiere Pro CC软件，如图2-13所示。

图2-13

启动后的Premiere Pro CC软件会显示【欢迎使用】界面，显示【将设置同步到Adobe Creative Cloud】、【打开最近项目】、【新建】和【了解】功能操作选项，如图2-14所示。

图2-14

要编辑一个新的项目时就需要单击【新建项目】按钮，建立一个新的项目。在打开的【新建项目】对话框中设置项目的常规参数和缓存位置，如图2-15所示。在【新建序列】对话框中的【序列预设】和【设置】选项卡中设置序列名称、项目制式和音视频格式等参数，如图2-16和图2-17所示。

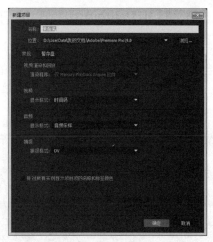

图2-15

图2-16

图2-17

2.5.2 认识Premiere Pro CC工作界面

启动Premiere Pro CC软件，设置完项目参数后就进入到Premiere Pro CC的工作界面了。工作界面会包括一些默认的工作面板，初始的工作界面包括标题栏、菜单栏、效果面板、效果控件面板、工具面板、信息面板和音频仪表等，如图2-18所示。

图2-18

在【窗口】菜单中可以设置显示的工作区模板界面和所需要显示的功能面板，如图2-19所示。

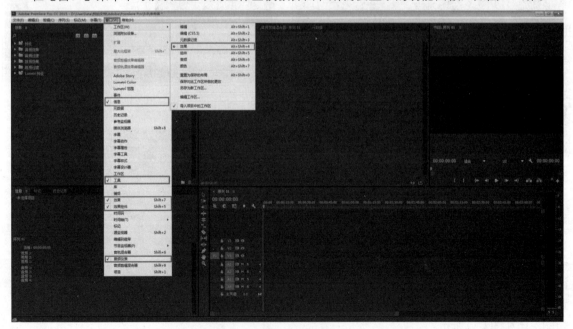

图2-19

2.5.3　Premiere Pro CC面板操作

用户可以根据自己的喜好和操作的需要调整面板的大小和位置，这样可以充分利用屏幕空间，提高工作效率。

1.调整大小

将鼠标移动到面板边界之间，鼠标显示为双箭头或四箭头时，就可以拖曳面板边界，以调整面板之间的比例大小。对于单个面板，只需将鼠标移动到面板边界，拖曳面板边界即可。

2.面板停放

将一个面板停放在另一个面板上，需要将其拖曳到目标面板边缘的深色区域，释放鼠标后即可完成停放，如图2-20所示。

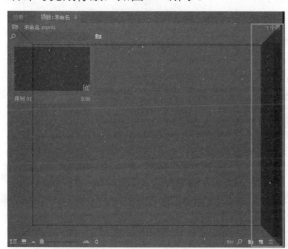

图2-20

3.浮动面板

单击面板右侧的下拉菜单，选择【浮动面板】命令，就可将其脱离面板组，单独成为浮动面板窗口，如图2-21所示。

图2-21

4.关闭面板

在面板右侧的下拉菜单中选择【关闭面板】命令，即可完成关闭面板操作，如图2-22所示。

图2-22

2.6　Premiere Pro CC的功能面板

Premiere Pro CC软件包括采集素材、编辑素材、显示素材、创建字幕和设置特效等功能，而这些功能根据自身特性进行分类组织，放入到不同的面板当中。

2.6.1 【项目】面板

【项目】面板主要用于创建、存放和管理音视频素材，可以对素材进行分类显示、管理预览，如图2-23所示。

图2-23

2.6.2 【时间轴】面板

【时间轴】面板主要用于排放、剪辑或编辑音视频素材，是视频编辑的主要操作区域，如图2-24所示。

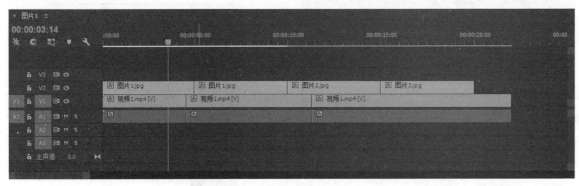

图2-24

2.6.3 【工具】面板

【工具】面板主要用于在时间轴中编辑素材，如图2-25所示。

图2-25

※ **工具详解**

☆ 选择工具：该工具用于对素材进行选择或移动，也可以选择和调节关键帧位置，或调整素材入点和出点位置。

☆ 向前选择轨道工具：该工具用于对序列中所选素材右侧的素材全部进行选择。

☆ 向后选择轨道工具：该工具用于对序列中所选素材左侧的素材全部进行选择。

☆ 波纹编辑工具：该工具用于编辑所

选素材的出点或入点位置，从而改变素材的长度，但相邻素材不受影响，序列总长度相应地改变。

☆ 滚动编辑工具：该工具用于编辑所选素材的出点或入点位置，从而改变素材的长度，同时相邻素材的出点或入点位置也会相应地变化，而序列总长度不变。

☆ 比率拉伸工具：该工具用于编辑素材的播放速率，从而改变素材的长度。

☆ 剃刀工具：该工具将素材分割。

☆ 外滑工具：该工具用于改变素材的入点和出点，相邻素材不受影响。

☆ 内滑工具：该工具用于改变相邻素材的入点和出点，而序列总长度保持不变。

☆ 钢笔工具：该工具用于设置素材的关键帧。

☆ 手形工具：该工具用于平移时间轴轨道的可视范围。

☆ 缩放工具：该工具用于调整时间轴中素材的显示比例。按住Alt键可以在放大或缩小模式间进行切换。

2.6.4　【效果】面板

【效果】面板中提供多个音视频特效和过渡特效，根据类型不同分别归纳在不同的文件夹中，方便选择操作使用，如图2-26所示。

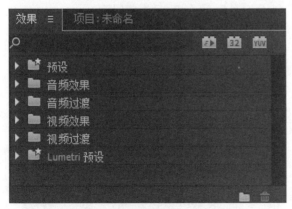

图2-26

2.6.5　【效果控件】面板

【效果控件】面板显示素材固有的效果属性，并可以设置属性参数变化，从而产生动画效果，如图2-27所示。也可添加【效果】面板中的效果特效。

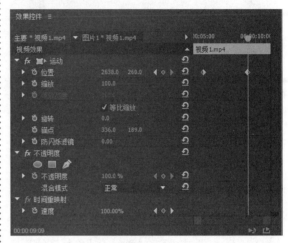

图2-27

2.6.6　【源监视器】面板

【源监视器】面板主要用于预览素材，设置素材的入点和出点，以方便剪辑，如图2-28所示。

图2-28

2.6.7 【节目监视器】面板

【节目监视器】面板主要用于显示时间轴中的编辑效果，如图2-29所示。

图2-29

2.6.8 【音频剪辑混合器】面板

【音频剪辑混合器】面板主要用于对素材的音频轨道进行听取和调整，如图2-30所示。

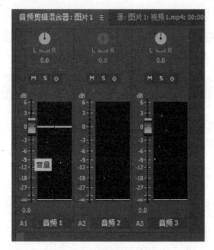

图2-30

2.6.9 【历史记录】面板

【历史记录】面板主要用于记录操作信息，可以删除一项或多项历史操作，如图2-31所示。

图2-31

2.6.10 【信息】面板

【信息】面板主要用于查看所选素材的详细信息，如图2-32所示。

图2-32

2.6.11 【标记】面板

【标记】面板主要用于查看素材的标记信息，如图2-33所示。

图2-33

2.6.12 【元数据】面板

【元数据】面板主要用于显示所选素材的元数据，如图2-34所示。

图2-34

2.6.13 【参考监视器】面板

【参考监视器】面板相当于另一个【节目监视器】面板，多与【节目监视器】面板比较查看序列的播放效果，如图2-35所示。

图2-35

2.6.14 【媒体浏览器】面板

【媒体浏览器】面板主要用于快速浏览计算机中的其他素材文件，方便对文件的预览和快速导入到项目中，如图2-36所示。

图2-36

| 2.7 Premiere Pro CC 的菜单

Premiere Pro CC的菜单栏中包含8个菜单，分别是【文件】、【编辑】、【剪辑】、【序列】、【标记】、【字幕】、【窗口】和【帮助】，如图2-37所示。

图2-37

2.7.1 【文件】菜单

【文件】菜单主要用于对项目文件进行管理，包括新建项目、保存项目、导入素材和导出项目等操作，如图2-38所示。

图2-38

※ 命令详解

☆ 新建：用于创建一个新的项目或各种类型的素材文件。

☆ 打开项目：用于打开一个Premiere项目。

☆ 打开最近使用的内容：用于打开一个最近编辑过的Premiere项目。列表中会显示最近的10个项目。

☆ 关闭项目：用于关闭当前项目，但不退出软件程序。

☆ 关闭：用于关闭当前选择的面板。

☆ 保存：用于保存当前项目。

☆ 另存为：用于将当前项目重新命名保存，或者将项目保存到其他路径位置上，并且停留在新的项目编辑环境下。

☆ 保存副本：用于为当前项目储存一个项目副本，储存后仍停留在原项目编辑环境下。

☆ 还原：用于将项目恢复到上一次保存过的项目版本。

☆ 同步设置：用于让用户将常规首选项、键盘快捷键、预设和库同步到Creative Cloud中。

☆ 捕捉：用于从外接设备中采集素材。

☆ 批量捕捉：用于从外接设备中自动采集多个素材。

☆ 链接媒体：用于重新查找脱机素材，使其与源文件重新链接在一起。

☆ 设为脱机：用于将素材的位置信息删除，可减轻运算负担。

☆ Adobe Dynamic Link：用于建立一个动态链接，方便项目与After Effect等软件配合调整编辑，移动素材不需进行中介演算，从而提高工作效率。

☆ Adobe Story：用于让用户导入在Adobe Story软件中创建的脚本。

☆ Adobe Anywhere：用户可以使用网络访问、流处理以及使用远程储存的媒体。

☆ 与Adobe SpeedGrade链接的Direct Link：将素材发送到Adobe SpeedGrade中，进行调色处理。

☆ 从媒体浏览器导入：用于将媒体浏览器中选择的文件导入到【项目】面板中。

☆ 导入：将计算机中的文件导入到项目面板中。

☆ 导入批处理列表：将批处理文件列表导入到【项目】面板中。

☆ 导入最近使用的文件：将最近使用的文件导入到【项目】面板中。

☆ 导出：用于将编辑完成后的项目输出成图片、音频、视频或者其他格式文件。

☆ 获取属性：用于获取选择文件的相关属性信息。

☆ 项目设置：用于设置项目的常规和暂

存盘，设置视频显示格式、音频显示格式和项目自动保存路径等。

☆ 项目管理：用于创建项目整合后的副本。

☆ 退出：退出Premiere Pro CC软件，关闭程序。

2.7.2　【编辑】菜单

【编辑】菜单包括整个程序中通用的标准编辑命令。例如复制、粘贴、撤销等命令，如图2-39所示。

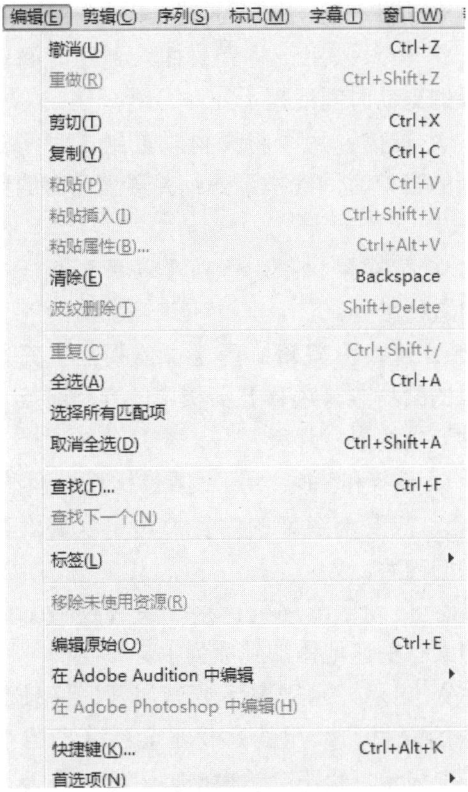

图2-39

※ 命令详解

☆ 撤销：撤销上一次的操作。

☆ 重做：恢复上一次的操作。

☆ 剪切：用于将选定的内容剪切到剪贴板中。

☆ 复制：用于将选定的内容复制一份。

☆ 粘贴：用于将剪切或复制的内容粘贴

到指定区域。

☆ 粘贴插入：用于将剪切或复制的内容，在指定区域以插入的方式进行粘贴。

☆ 粘贴属性：用于将其他素材属性粘贴到选定素材上。

☆ 清除：用于删除选择的内容。

☆ 波纹删除：用于删除选择的素材，后面的素材自动移动到删除素材的位置，时间序列中不会留下空白间隙。

☆ 重复：用于复制【项目】面板中选定的素材。

☆ 全选：用于选择当前面板中的全部内容。

☆ 选择所有匹配项：用于选择【时间轴】面板中多个源于同一素材的素材片段。

☆ 取消全选：用于取消所有选择状态。

☆ 查找：用于在【项目】面板中查找素材。

☆ 查找下一个：用于在【项目】面板中查找多个素材。

☆ 标签：用于改变素材的标签颜色。

☆ 移除未使用资源：用于快速删除【项目】面板中多余的素材。

☆ 编辑原始：用于将选中素材在其他程序中进行编辑。

☆ 在Adobe Audition中编辑：将音频素材导入到Adobe Audition中进行编辑。

☆ 在Adobe Photoshop中编辑：将图片素材导入到Adobe Photoshop中进行编辑。

☆ 快捷键：用于指定键盘快捷键。

☆ 首选项：用于设置Premiere Pro CC软件的一些基本参数。

2.7.3　【剪辑】菜单

【剪辑】菜单主要用于对素材的编辑处理，包括重命名、移除效果、插入和覆盖等命令，如图2-40所示。

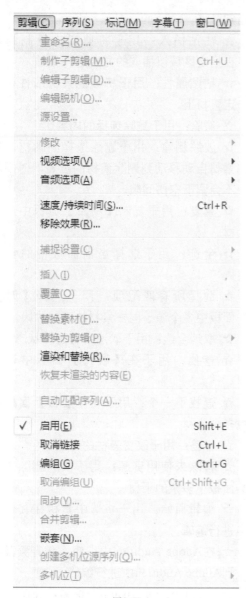

图2-40

※ **命令详解**

☆ 重命名：用于对选定对象重新命名。

☆ 制作子剪辑：用于将源监视器面板中编辑后的素材创建为一个新的附加素材。

☆ 编辑子剪辑：用于编辑新附加素材的入点和出点。

☆ 编辑脱机：用于脱机编辑素材。

☆ 源设置：用于对素材源对象进行设置。

☆ 修改：用于修改素材音频声道或时间码等，并可以查看或修改素材信息。

☆ 视频选项：用于对视频素材的帧定格、场选择、帧混合和帧大小等选项进行设置。

☆ 音频选项：用于对音频素材的增益、拆分为单声道和提取音频选项进行设置。

☆ 速度/持续时间：用于设置素材的播放速率和持续时间。

☆ 移除效果：用于清除对素材所使用的各种效果。

☆ 捕捉设置：用于设置捕捉素材的相关属性。

☆ 插入：用于将素材插入到【时间轴】面板的当前时间线指示处。

☆ 覆盖：用于将素材放置到【时间轴】面板的当前时间线指示处，并覆盖已有的素材部分。

☆ 替换素材：用于对【项目】面板中的素材进行替换。

☆ 替换为剪辑：用【源监视器】面板中编辑的素材或【项目】面板中的素材替换【时间轴】中的素材片段。

☆ 渲染和替换：用于设置素材源和目标等。

☆ 恢复未渲染的内容：用于恢复没有被渲染的内容。

☆ 自动匹配序列：用于将【项目】面板中的素材快速地添加到序列中。

☆ 启用：用于激活或禁用【时间轴】面板中的素材。禁用的素材不会在【节目监视器】中显示，也不会被输出。

☆ 取消链接：用于打断链接在一起的素材。

☆ 编组：用于将【时间轴】面板中的所选素材组合为一组，方便整体操作。

☆ 取消编组：用于取消素材的编组。

☆ 同步：用于根据素材的起点、终点或时间码在时间轴上排列素材。

☆ 合并剪辑：用于将【时间轴】面板中所选择的一段音频素材和一段视频素材合并在一

起，并添加到【项目】面板中，成为剪辑素材。

☆ 嵌套：用于将选择的素材添加到新的序列中，并将新序列作为素材，添加至原有素材位置。

☆ 创建多机位源序列：用于创建多机位剪辑。

☆ 多机位：用于显示多机位编辑界面。

2.7.4 【序列】菜单

【序列】菜单主要用于在【时间轴】面板上预渲染素材，改变轨道数量，包括序列设置、渲染入点到出点的效果、添加轨道和删除轨道等命令，如图2-41所示。

图2-41

※ **命令详解**

☆ 序列设置：用于对序列参数进行设置。

☆ 渲染入点到出点的效果：用于渲染序列入点到出点编辑效果的预览文件。

☆ 渲染入点到出点：用于渲染完整序列编辑效果的预览文件。

☆ 渲染选择项：用于渲染序列中选择部分编辑效果的预览文件。

☆ 渲染音频：用于渲染序列音频预览文件。

☆ 删除渲染文件：用于删除渲染预览文件。

☆ 删除入点到出点的渲染文件：用于删除渲染序列入点到出点的预览文件。

☆ 匹配帧：用于将【源监视器】与【节目监视器】所显示的画面与当前帧所匹配。

☆ 反转匹配帧：用于找到【源监视器】中加载的帧并将其在时间轴中进行匹配。

☆ 添加编辑：用于将选中的素材拆分开。

☆ 添加编辑到所有轨道：用于将【当前时间帧指示器】位置上的所有轨道上的素材进行拆分。

☆ 修剪编辑：用于对序列已经设置的剪辑入点和出点进行修整。

☆ 将所选编辑点扩展到播放指示器：用于将所选编辑点移动到【当前时间帧指示器】所在的位置上。

☆ 应用视频过渡：用于在两段素材之间添加默认视频过渡效果。

☆ 应用音频过渡：用于在两段素材之间添加默认音频过渡效果。

☆ 应用默认过渡到选择项：用于将默认的过渡效果添加到所选择的素材上。

☆ 提升：用于移除序列指定轨道在【节目监视器】面板中从入点到出点之间的帧，并在【时间轴】面板上保留空白间隙。

☆ 提取：用于移除序列全部轨道在【节目监视器】面板中从入点到出点之间的帧，右侧素材向左补进。

☆ 放大：用于放大显示时间轴。

☆ 缩小：用于缩小显示时间轴。

☆ 转到间隔：用于快速跳转到素材的边缘位置。

☆ 对齐：用于自动对齐到素材边缘。

☆ 链接选择项：用于自动将链接的素材同时操作。

☆ 选择跟随播放指示器：用于自动激活【当前时间帧指示器】所在位置上的素材。

☆ 显示连接的编辑点：用于显示素材衔接处的编辑点。

☆ 标准化主轨道：用于对主音频轨道进行标准化设置。

☆ 制作子序列：用于为选择的素材创建新的序列。

☆ 添加轨道：用于从【时间轴】面板中添加音视频轨道。

☆ 删除轨道：用于从【时间轴】面板中删除音视频轨道。

2.7.5 【标记】菜单

　　【标记】菜单主要用于对标记点进行选择、添加和删除等操作，包括标记剪辑、添加标记、转到下一标记、清除所选标记和编辑标记等命令，如图2-42所示。

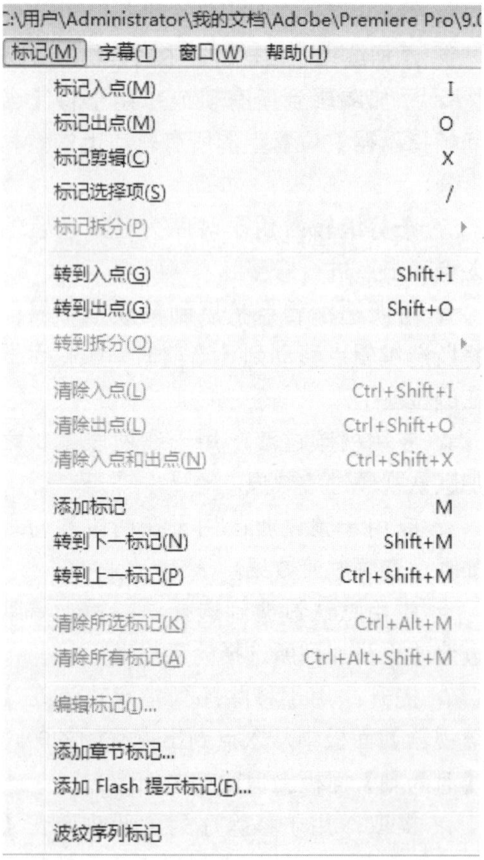

C:\用户\Administrator\我的文档\Adobe\Premiere Pro\9.0

标记(M)	字幕(T)	窗口(W)	帮助(H)
标记入点(M)			I
标记出点(M)			O
标记剪辑(C)			X
标记选择项(S)			/
标记拆分(P)			▶
转到入点(G)			Shift+I
转到出点(G)			Shift+O
转到拆分(O)			▶
清除入点(L)			Ctrl+Shift+I
清除出点(L)			Ctrl+Shift+O
清除入点和出点(N)			Ctrl+Shift+X
添加标记			M
转到下一标记(N)			Shift+M
转到上一标记(P)			Ctrl+Shift+M
清除所选标记(K)			Ctrl+Alt+M
清除所有标记(A)			Ctrl+Alt+Shift+M
编辑标记(I)...			
添加章节标记...			
添加 Flash 提示标记(F)...			
波纹序列标记			

图2-42

※ **命令详解**

　　☆ 标记入点：用于在当前时间线位置为素材添加入点标记。

　　☆ 标记出点：用于在当前时间线位置为素材添加出点标记。

　　☆ 标记剪辑：用于设置当前时间线位置素材的剪辑入点和出点为序列入点和出点。

　　☆ 标记选择项：用于设置所选的剪辑入点和出点为序列入点和出点。

　　☆ 标记拆分：用于将标记进行拆分。

　　☆ 转到入点：用于跳转到入点位置。

　　☆ 转到出点：用于跳转到出点位置。

　　☆ 转到拆分：用于跳转到拆分的标记位置。

　　☆ 清除入点：用于清除素材的入点标记。

　　☆ 清除出点：用于清除素材的出点标记。

　　☆ 清除入点和出点：用于清除素材的入点和出点标记。

　　☆ 添加标记：用于添加一个标记点。

　　☆ 转到下一标记：用于跳转到素材的下一个标记位置。

☆ 转到上一标记：用于跳转到素材的上一个标记位置。

☆ 清除所选标记：用于清除所选择的标记点。

☆ 清除所有标记：用于清除所有标记点。

☆ 编辑标记：用于对所选择的标记点进行名称注释和颜色等属性的设置。

☆ 添加章节标记：用于为素材添加章节标记点。

☆ 添加Flash提示标记：用于为素材添加Flash提示标记点。

☆ 波纹序列标记：用于开启波纹序列标记。

2.7.6　【字幕】菜单

【字幕】菜单主要用于对字幕相关操作的设置，包括新建字幕、字体、大小、变换和位置等命令，如图2-43所示。

图2-43

※　命令详解

☆ 从Typekit添加字体：用于从订阅的Typekit字体库中添加字体。

☆ 新建字幕：用于新建多种类型的字幕。

☆ 字体：用于设置字幕的字体样式。

☆ 大小：用于设置字幕的大小。

☆ 文字对齐：用于设置字幕的对齐方式。

☆ 方向：用于设置字幕的方向是横向还是纵向。

☆ 自动换行：用于设置开启或关闭自动换行。

☆ 制表位：用于在文本框中设置跳格。

☆ 模板：用于选择使用或者创建字幕模板。

☆ 滚动/游动选项：用于创建和设置动画字幕。

☆ 图形：用于在字幕中插入图形。

☆ 变换：用于提供视觉转换命令，包括位置、比例、旋转和不透明度4种。

☆ 选择：提供了4种选择方式。

☆ 排列：提供了4种移动方式。

☆ 位置：提供了3种位置放置方式。

☆ 对齐对象：提供了6种文字对象对齐方式。

☆ 分布对象：提供了8种文字对象分布方式。

☆ 视图：提供了5种辅助视图功能命令。

2.7.7　【窗口】菜单

【窗口】菜单主要用于显示或关闭Premiere软件中的各个功能面板，包括【信息】面板、【字幕】面板、【效果控件】面板、【节目监视器】面板和【项目】面板等，如图2-44所示。

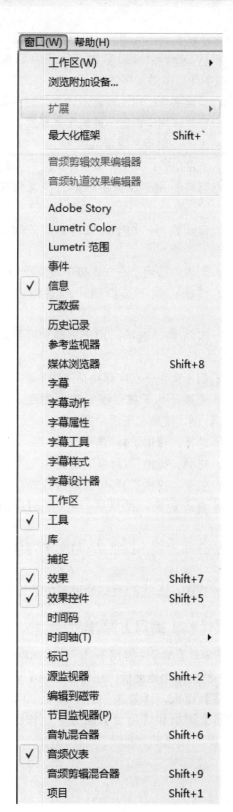

图2-44

※ **命令详解**

☆ 工作区：用于选择适合的工作区布局。

☆ 浏览附加设备：用于连接网络浏览附加设备。

☆ 扩展：可以打开Premiere Pro的扩展程序。

☆ 最大化框架：用于将当前面板最大化显示。

☆ 音频剪辑效果编辑器：用于开启或关闭音频剪辑效果编辑器面板。

☆ 音频轨道效果编辑器：用于开启或关闭音频轨道效果编辑器面板。

☆ Adobe Story：用于启动Adobe Story程序。

☆ Lumetri Color：用于开启或关闭Lumetri Color面板，调节颜色。

☆ Lumetri范围：用于开启或关闭Lumetri范围面板，查看Lumetri范围。

☆ 事件：用于开启或关闭事件面板，查看或管理序列中设置的事件动作。

☆ 信息：用于开启或关闭信息面板，查看剪辑素材等信息。

☆ 元数据：用于开启或关闭元数据面板，可以查看素材数据的详细信息，也可以添加注释等。

☆ 历史记录：用于开启或关闭历史记录面板，查看操作记录，并可以返回之前某一步骤的编辑状态。

☆ 参考监视器：用于开启或关闭参考监视器面板，显示辅助监视器。

☆ 媒体浏览器：用于开启或关闭媒体浏览器面板，查看计算机中的素材资源，并可快捷地将文件导入到项目面板中。

☆ 字幕：用于开启或关闭字幕面板。

☆ 字幕动作：用于开启字幕面板，并显示字幕动作面板。

☆ 字幕属性：用于开启字幕面板，并显

示字幕属性面板。

☆ 字幕工具：用于开启字幕面板，并显示字幕工具面板。

☆ 字幕样式：用于开启字幕面板，并显示字幕样式面板。

☆ 字幕设计器：用于开启字幕面板，并显示字幕设计器面板。

☆ 工作区：用于开启或关闭工作区面板，选择工作区布局。

☆ 工具：用于开启或关闭工具面板。

☆ 库：用于开启或关闭库面板，需要联网显示库内容。

☆ 捕捉：用于开启或关闭捕捉面板，设置捕捉参数。

☆ 效果：用于开启或关闭效果面板，可以将效果添加到素材上。

☆ 效果控件：用于开启或关闭效果控件面板，设置素材效果属性。

☆ 时间码：用于开启或关闭时间码面板，方便查看当前时间位置。

☆ 时间轴：用于开启或关闭时间轴面板，编辑序列中素材的操作区域。

☆ 标记：用于开启或关闭标记面板，查看标记信息。

☆ 源监视器：用于开启或关闭源监视器面板，查看或剪辑素材。

☆ 编辑到磁带：用于开启或关闭编辑到磁带面板，设置写入磁带的信息。

☆ 节目监视器：用于开启或关闭节目监视器面板，显示编辑效果。

☆ 音轨混合器：用于开启或关闭音轨混合器面板，设置音轨信息。

☆ 音频仪表：用于开启或关闭音频仪表面板，显示音波。

☆ 音频剪辑混合器：用于开启或关闭音频剪辑混合器面板，设置音频信息。

☆ 项目：用于开启或关闭项目面板，存放操作素材。

2.7.8　【帮助】菜单

【帮助】菜单中主要提供了程序应用的帮助命令、支持中心和管理扩展等命令，如图2-45所示。

图2-45

第3章

采集、导入和管理素材 I

在了解Premiere Pro CC运行环境之后，就需要对其进行编辑操作了。我们主要编辑操作的对象是素材，首先需要将素材放置在软件中，然后才能进行编辑操作。因此进一步了解软件对素材的基本操作就尤为重要了。掌握合理的素材采集与管理，熟练地操作软件项目工具，可以使用户提高操作效率，更有效地修改素材。

将素材放置到Premiere Pro CC软件中的方法有两种，一种是将外部设备中的内容采集到软件中，另一种是将已有的素材文件导入到软件中。

3.1 采集素材

采集的素材包括视频素材和音频素材两种，一般设备中的视频素材会自带音频内容，而外部音频素材可以通过计算机内的软件录入获取。

3.1.1 视频采集

视频采集素材就是将外部设备连接到计算机上，利用Premiere Pro CC软件将外部硬件设备中的内容转换成数字信息储存于计算机中的过程，如图3-1所示。采集对计算机来说是相当耗费资源的工作，而好的1394采集卡是专业的采集不可或缺的硬件设备，如图3-2所示。

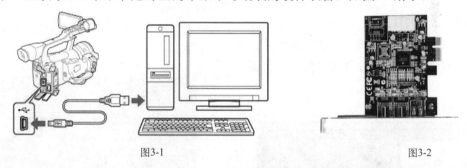

图3-1 图3-2

通过计算机的IEEE 1394端口或USB接口，将摄像机、数码相机或手机等外部设备连接到计算机上，然后打开Premiere Pro CC软件，打开【捕捉】面板设置参数进行采集。

文件菜单下的【捕捉】面板由5部分组成，分别是捕捉面板菜单、预览区域、控制按钮区、记录面板和设置面板，如图3-3所示。

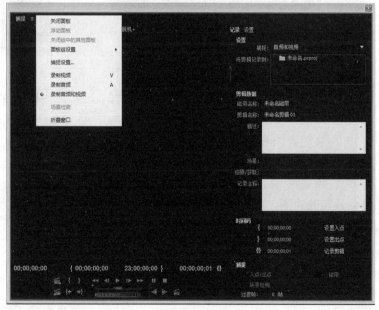

图3-3

1.捕捉面板菜单

单击【捕捉】面板上的菜单按钮，调出菜单，如图3-4所示。

图3-4

※ 参数详解

☆ 捕捉设置：设置素材捕捉时的格式，弹出【捕捉设置】面板，设置捕捉格式，如图3-5所示。

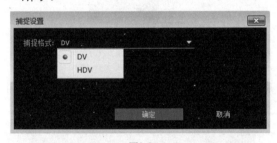

图3-5

☆ 录制视频：设置捕捉时仅采集素材的视频部分。

☆ 录制音频：设置捕捉时仅采集素材的音频部分。

☆ 录制音频和视频：设置捕捉时同时采集素材的视频和音频。

☆ 场景检测：设置捕捉时自动检测场景。开启此功能，Premiere Pro CC在检测到视频时间场景发生改变时，自动将采集到的素材分割成不同的素材。

☆ 折叠窗口：执行此命令，将隐藏【设置】和【记录】选项卡，【捕捉】面板以精简模式显示，如图3-6所示。

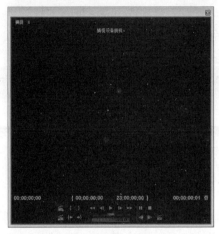

图3-6

2.预览区域

预览区域是对素材捕捉内容的预览，如图3-7所示。

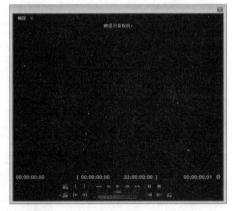

图3-7

3.控制按钮区

通过【捕捉】面板底部的控制按钮区，可以设置捕捉的区域和捕捉的开始或结束等功能，如图3-8所示。

图3-8

4.记录面板

【记录】面板主要用于记录采集后素材的信息内容，如图3-9所示。

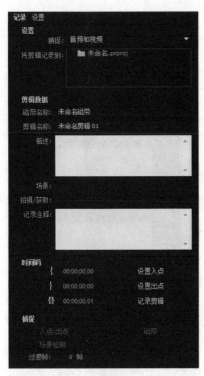

图3-9

※ **参数详解**

☆ 捕捉：设置素材捕捉时的格式内容，包括【音频和视频】、【音频】和【视频】3个选项，如图3-10所示。

图3-10

☆ 将剪辑记录到：设置采集后素材在【项目】面板中的层级位置。

☆ 磁带名称：设置磁带的名称。

☆ 剪辑名称：设置采集后素材的名称。

☆ 描述：为采集后的素材添加说明内容。

☆ 场景：标注采集后素材与源素材的关联信息。

☆ 拍摄/获取：获取拍摄的信息。

☆ 记录注释：记录素材的注释信息。

☆ 设置入点：设置素材开始采集的时间位置。

☆ 设置出点：设置素材结束采集的时间位置。

☆ 记录剪辑：设置素材采集的时间长度。

☆ 入点/出点：激活按钮，开始采集出入点之间的素材。

☆ 磁带：采集整个磁带内容。

☆ 场景检测：勾选选项，Premiere Pro CC在检测到视频时间场景发生改变时，自动将采集到的素材分割成不同的素材。

5. 设置面板

【设置】面板主要用于设置捕捉属性，如图3-11所示。

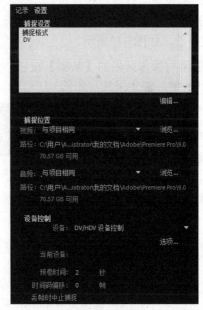

图3-11

※ **参数详解**

☆ 捕捉设置：设置素材捕捉时的格式，弹出面板设置捕捉格式。

☆ 捕捉位置：分别设置捕捉后素材视频和音频文件的存储路径。

☆ 设备控制：设置捕捉设备的控制方式，如图3-12所示。

☆ 预卷时间：设置磁带开始播放到正式采集之间的时间间隔。

☆ 时间码偏移：设置捕捉到的素材与设备中时间码的偏移帧数值，精确匹配，降低误差。

图3-12

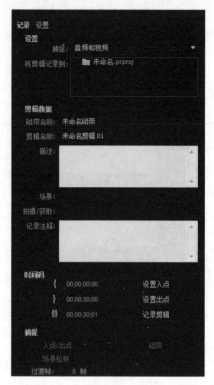

图3-13

3.1.2 采集方法

不同设备的采集方法略有不同，但大体步骤基本相同。

01 将外部设备与计算机相连接。

02 打开【文件】菜单下的【捕捉】面板，设置捕捉参数，如图3-13所示。

03 单击素材操作区中的【录制】按钮，开始捕捉。单击控制按钮区中的【停止】按钮，或按键盘上的Esc键，停止采集，如图3-14所示。

图3-14

04 在弹出的对话框中设置文件名称，然后单击【确定】按钮，素材文件就会被保存到计算机的硬盘中，并且显示在【项目】面板上。

3.1.3 录制音频

在计算机中可以安装多种录制声音的软件，如果要录制专业的声音就需要好的声卡和麦克风。一般要求不高的声音通过Windows系统中自带的【录音机】软件录制即可，如图3-15所示。录制后将文件保存好，作为素材再导入到Premiere Pro CC软件中编辑即可。

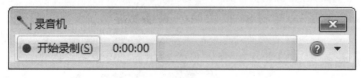

图3-15

| 3.2 导入素材

　　导入素材就是将计算机中已有的素材导入到Premiere Pro CC软件中的过程。需要编辑的素材都会放置在项目面板中，而通常使用的导入素材的方法有3种。

　　方法一：利用【文件】菜单导入素材

　　执行【文件】|【导入】命令，选择要导入素材的路径，即可导入素材，如图3-16所示。

文件(F) 编辑(E) 剪辑(C) 序列(S) 标记(M) 字幕(T) 窗口(W) 帮助

新建(N)	▶
打开项目(O)...	Ctrl+O
打开最近使用的内容(E)	▶
关闭项目(P)	Ctrl+Shift+W
关闭(C)	Ctrl+W
保存(S)	Ctrl+S
另存为(A)...	Ctrl+Shift+S
保存副本(Y)...	Ctrl+Alt+S
还原(R)	
同步设置	▶
捕捉(T)...	F5
批量捕捉(B)...	F6
链接媒体(L)...	
设为脱机(O)...	
Adobe Dynamic Link(K)	▶
Adobe Story(R)	▶
Adobe Anywhere(H)	▶
与 Adobe SpeedGrade 链接的 Direct Link...	
从媒体浏览器导入(M)	Ctrl+Alt+I
导入(I)...	Ctrl+I
导入批处理列表(I)...	
导入最近使用的文件(F)	▶
导出(E)	▶
获取属性(G)	▶
项目设置(P)	▶
项目管理(M)...	
退出(X)	Ctrl+Q

图3-16

　　方法二：利用【项目】面板导入素材

　　双击【项目】面板的空白处，就会弹出选择素材导入路径窗口，选择路径，即可导入素材，如图3-17所示。

图3-17

方法三：将素材拖曳进【项目】面板中

在计算机的资源管理器中，找到素材，并选择要导入的素材，将其拖曳到Premiere Pro CC的【项目】面板中即可，如图3-18所示。

图3-18

| 3.3 管理素材

在Premiere Pro CC中，需要对导入和采集到的素材文件进行分类管理，以便选择适合的素材或进行更方便的操作。

3.3.1 显示素材

导入和采集到的素材都会在【项目】面板中显示，而【项目】面板中提供了【列表视图】和【图标视图】两种不同的显示方式，以便用户选择使用，如图3-19所示。

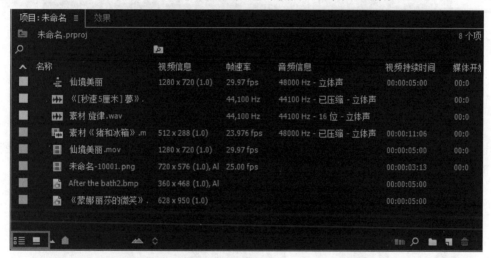

图3-19

软件中默认的显示为【列表视图】显示，此方式可以快捷地查看到素材的名称、标签颜色、帧速率、视频信息和视频持续时间等多项属性，如图3-20所示。在下拉菜单中选择的【元数据显示】中可以选择需要显示的属性，如图3-21所示。

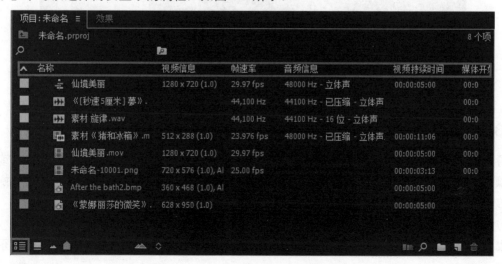

图3-20

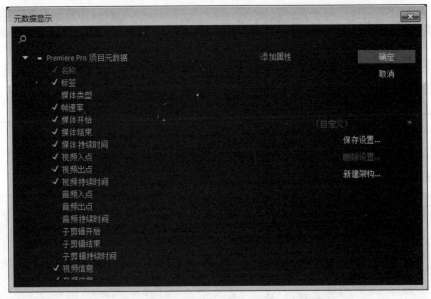

图3-21

单击【项目】面板底部的【图标视图】按钮■，素材将以缩略图的方式显示，方便查看素材的画面内容，如图3-22所示。

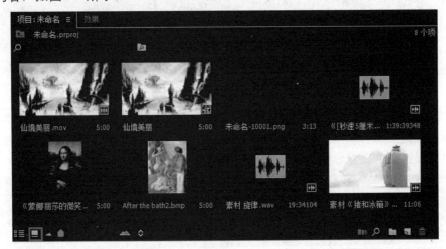

图3-22

3.3.2 查看素材属性

导入和采集到素材后，经常需要了解素材文件的相关属性，以便选择更适合的素材或方便对其操作。通过查看属性，可以了解到素材的文件路径、类型、文件大小、媒体开始和媒体结束等多个属性，常用的查看方法有4种。

方法一：在【项目】面板中查看

素材会在【项目】面板中显示通常属性，还可以修改【项目】面板中的设置，以显示需要的属性。

方法二：执行【获取属性】命令下的【文件】命令

选择素材，执行【文件】|【获取属性】|【文件】命令，如图3-23所示。

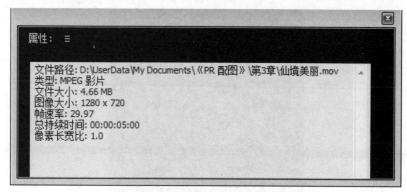

图3-23

方法三：执行【获取属性】命令下的【选择】命令

选择素材，执行【文件】|【获取属性】|【选择】命令，如图3-24所示。

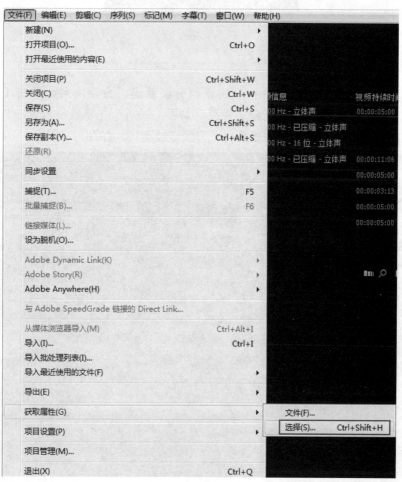

图3-24

方法四：在【信息】面板中查看

打开【信息】面板，查看选中素材的信息，如图3-25所示。

图3-25

3.3.3 分类素材

在【项目】面板中创建多个文件夹，将素材分类管理，方便使用。单击【项目】面板下方的【新建素材箱】按钮，就会创建文件夹，如图3-26所示。将素材放置在文件夹里，通过【伸展/收缩】按钮，可以显示或隐藏素材，方便查找选择，如图3-27所示。

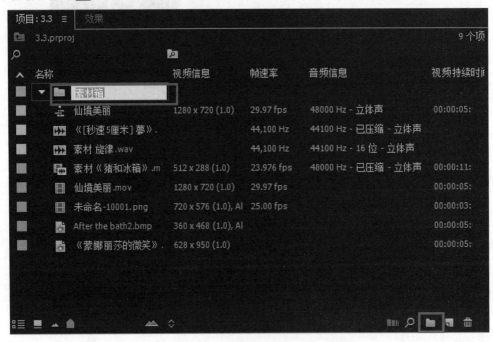

图3-26

∧	名称		视频信息	帧速率	音频信息	视
▢	▼ 📁	【音频文件】				
▢		⏭ 《[秒速5厘米]夢		44,100 Hz	44100 Hz - 已压缩 - 立体声	
▢		⏭ 素材 旋律.wav		44,100 Hz	44100 Hz - 16 位 - 立体声	
▢	▶ 📁	【视频文件】				
▢		⛶ 仙境美丽	1280 x 720 (1.0)	29.97 fps	48000 Hz - 立体声	

图3-27

3.3.4 重命名素材

对素材重新命名可以方便
查找或管理素材。在【项目】
面板中，双击素材名称，即可
重新编辑素材名称，如图3-28
所示。或者在素材上单击鼠标
右键，选择【重命名】命令，
对素材重新命名。

图3-28

3.3.5 查找素材

在【项目】面板中，虽然
可以用重新命名素材、素材箱
分类素材或按照属性显示素材
等多种方法归类管理素材，但
在素材较多的时候查找起来还
是不方便。在【项目】面板中
提供了搜索框，在搜索框中输
入要查找素材的全部或部分名
称，即可显示所有包含关键字
的素材，如图3-29所示。

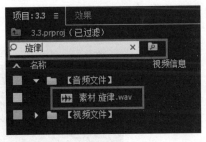

图3-29

3.3.6 删除素材

删除多余的素材也是管理素材的方法之一，这样可以减轻素材管理的复杂程度。在【项目】
面板中，选择要删除的素材后，单击【清除(Backspace)】按钮🗑，或按键盘上的Delete键，即可删
除素材，如图3-30所示。需要注意的是，【项目】面板中素材被清除的同时，序列中相对应的素
材也将被清除，同时Premiere Pro CC将会弹出警告对话框，如图3-31所示。

图3-30

图3-31

3.3.7　序列自动化

序列自动化可以将素材按照设置好的方式排列到序列当中，设置参数，方便操作，如图3-32所示。

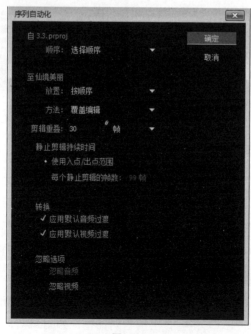

图3-32

※ 参数详解

☆ 顺序：设置素材到【时间轴】轨道上的排列方式，包括【排序】和【选择顺序】两个选项，如图3-33所示。

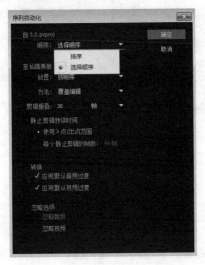

图3-33

☆ 放置：设置素材在【时间轴】轨道上的放置方式，包括【按顺序】和【未编号标记】两个选项，如图3-34所示。

图3-34

☆ 方法：设置素材到【时间轴】轨道上的添加方式，包括【插入编辑】和【覆盖编辑】两个选项，如图3-35所示。

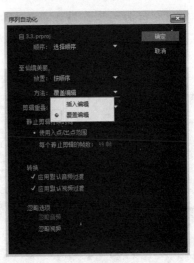

图3-35

☆ 剪裁重叠：设置素材与素材之间转场特效效果的默认时间。

☆ 应用默认音频过渡：勾选选项，可以方便快捷地应用默认音频过渡效果。

☆ 应用默认视频过渡：勾选选项，可以方便快捷地应用默认视频过渡效果。

☆ 忽略音频：勾选选项，设置素材到【时间轴】轨道上时，音频部分会被忽略掉。

☆ 忽略视频：勾选选项，设置素材到【时间轴】轨道上时，视频部分会被忽略掉。

3.3.8　脱机文件

脱机文件是当前项目中的素材文件不可用。文件不可用的原因有多种，包括文件损坏删除、文件名称改变和文件路径改变等。在【源监视器】和【节目监视器】面板上会显示素材脱机信息，如图3-36所示。

图3-36

当素材文件脱机后，就需要重新链接媒体，指定准确的素材文件信息。当打开项目文件时，可以通过查找重新找到素材，或者执行素材的【链接媒体】命令，查找素材，如图3-37所示。

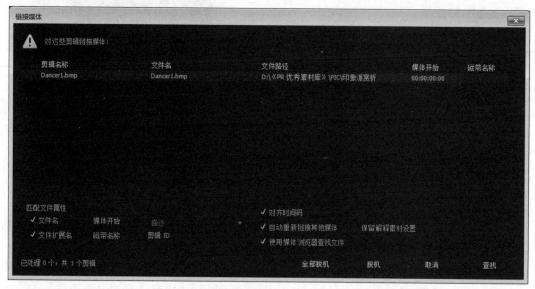

图3-37

3.4 实训案例：名画赏析

3.4.1 案例目的

名画赏析案例是为了加深理解多种导入素材、查看素材、分类素材、重命名素材和删除素材的方法，以及自动匹配序列功能的运用。

3.4.2 案例思路

(1) 将"名画插曲.mp3"、"名画赏析.jpg"序列和"After the bath2.bmp"、"After the bath6.bmp"等素材文件导入到软件项目中。

(2) 对素材进行查看、分类和重命名管理。

(3) 运用【自动匹配序列】功能将素材放置在时间轴上。

(4) 删除多余的素材。

3.4.3 制作步骤

1. 设置项目

01 打开Premiere Pro CC软件，在【欢迎使用】界面上单击【新建项目】按钮，如图3-38所示。

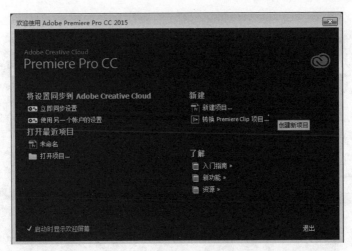

图3-38

02 在【新建项目】对话框中，输入项目名称为"名画赏析"，并设置项目储存位置，单击【确定】按钮，如图3-39所示。

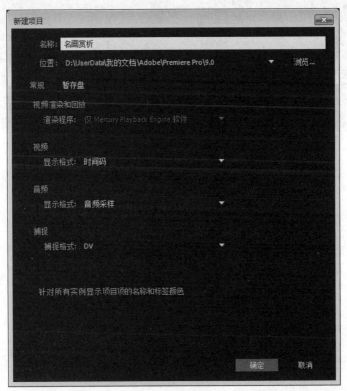

图3-39

03 执行【文件】|【新建】|【序列】命令，在【新建序列】对话框的【设置】选项卡中，设置【编辑模式】为"自定义"，【时基】为25.00帧/秒，【帧大小】为360×480，【像素长宽比】为"方形像素(1.0)"，【序列名称】为"名画赏析"，如图3-40所示。

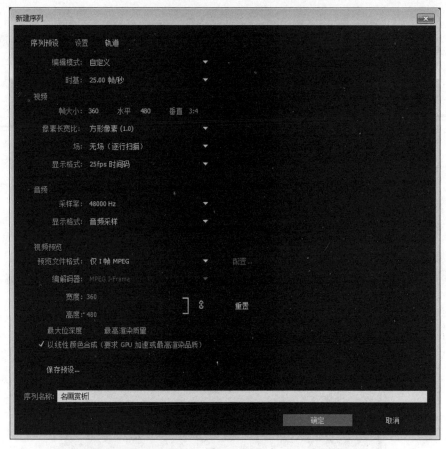

图3-40

04 执行【文件】|【导入】|【序列】命令，在【导入】对话框中选择图片素材，将其导入，如图3-41所示。

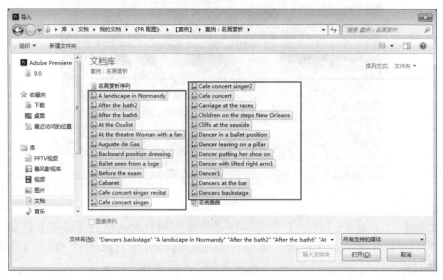

图3-41

05 将"名画插曲.mp3"文件从资源管理器中拖曳到【项目】面板中，如图3-42所示。

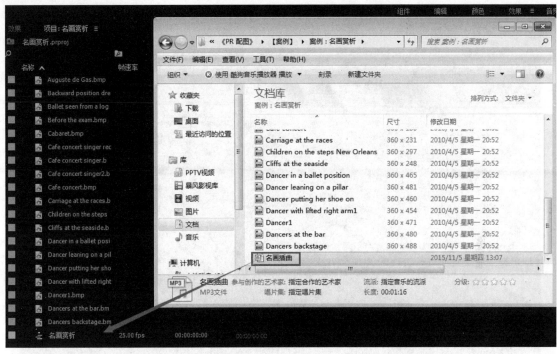

图3-42

06 双击【项目】面板的空白处，在【导入】对话框中选择序列素材。选中序列素材的首个文件，勾选【图像序列】选项，将序列素材导入，如图3-43所示。

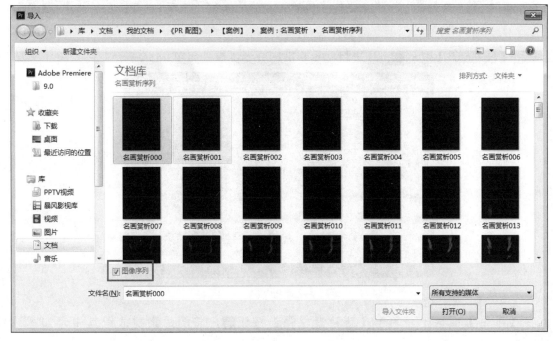

图3-43

2. 管理素材

01 在【项目】面板上以列表的形式显示素材，并查看素材的名称、视频信息、视频持续时间和音频信息等属性，如图3-44所示。

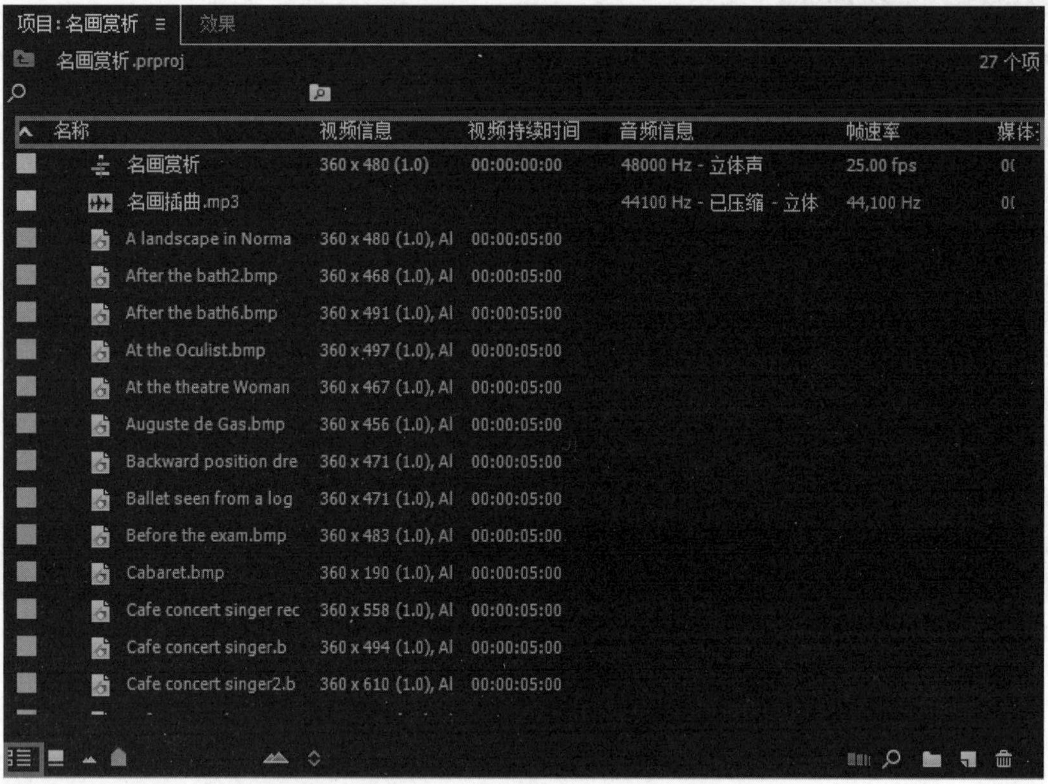

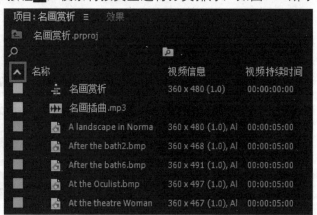

图3-44

02 单击【标签颜色】按钮，使素材按类型进行分类排序，如图3-45所示。

图3-45

03 在【项目】面板上，单击【新建素材箱】按钮，将图片素材放置其中，如图3-46所示。

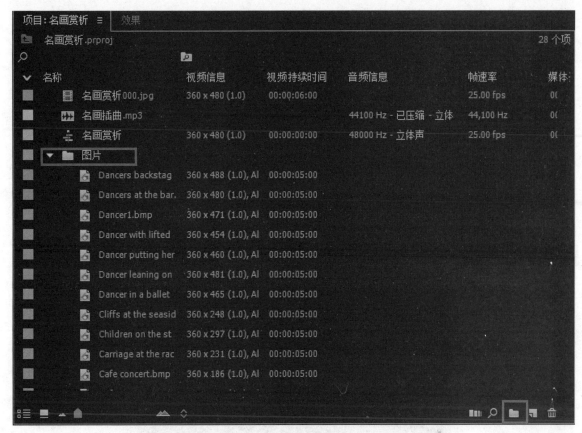

图3-46

04 将"名画插曲.mp3"文件重命名为"背景音乐.mp3",如图3-47所示。

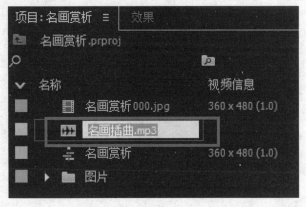

图3-47

3. 自动匹配序列

01 先选择"名画赏析000.jpg"序列,再加选"图片"文件夹,单击【自动匹配序列】按钮
▥ ,如图3-48所示。

图3-48

02 在弹出的【序列自动化】面板中，设置【剪辑重叠】为30帧，如图3-49所示。

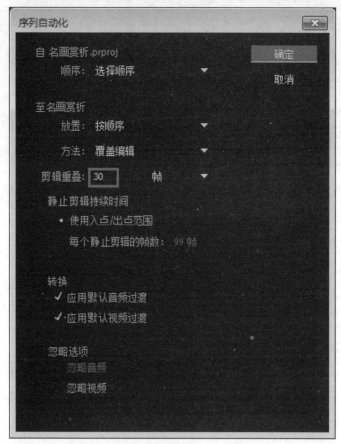

图3-49

4. 设置时间轴序列

01 将"名画插曲.mp3"素材文件拖曳至【A1】视频轨道上，如图3-50所示。

图3-50

02 将当前时间线移动到00:01:17:15位置，选择最后5个素材，按键盘上的Delete键将其删除，如图3-51所示。

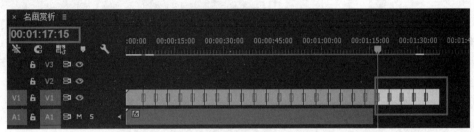

图3-51

5. 查看最终效果

在【节目监视器】面板上查看最终动画效果，如图3-52所示。

图3-52

第4章

素材编辑基础

对素材的编辑是剪辑过程的主要制作目的，而熟悉软件编辑工具和命令以及掌握编辑技巧，可以提高用户的编辑效率。Adobe Premiere Pro CC中提供的工具和命令具有强大的编辑功能，可以快速帮助用户制作出满意的效果。

4.1　创建常用的新元素

　　在编辑过程中，除了对原始素材进行编辑操作，许多时候还需要添加适当的元素，以便达到更好的效果。Adobe Premiere Pro CC中提供了一些常用的元素，方便用户的使用。利用【项目】面板中的【新建项】命令可以创建许多常用的元素，包括【彩条】、【黑场视频】、【颜色遮罩】和【通用倒计时片头】等，如图4-1所示。

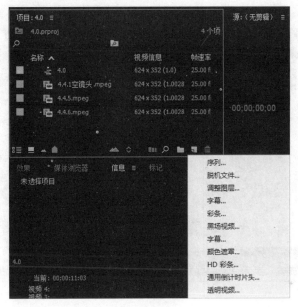

图4-1

4.1.1　彩条

　　彩条是一段带有音频效果的视频静态影像，多用于节目正式播放之前或无节目之时，目的是对颜色的校对，视频为条状多彩线条，音频为持续嘟鸣声，如图4-2所示。

图4-2

▌4.1.2　黑场视频

黑场视频是一段黑色画面的视频素材，多用于制作淡入淡出或转场效果。

▌4.1.3　颜色遮罩

颜色遮罩类似于一张单色背景图片，多用于制作背景或为素材添加彩色蒙版，需要设置遮罩颜色，如图4-3所示。

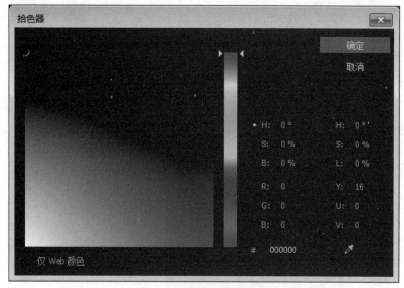

图4-3

▌4.1.4　通用倒计时片头

通用倒计时片头是一段为倒计时准备的素材，通常用于影片的开始阶段，给观众一个心理准备的时间。要想达到特殊的效果，可以调整【通用倒计时设置】对话框的属性设置，如图4-4所示。

※ 参数详解

☆ 擦除颜色：设置通用倒计时片头在播放时，指针转动，指针转动之后的背景颜色为当前的擦除色。

☆ 背景色：设置通用倒计时片头在播放之前背景的颜色。

☆ 线条颜色：设置通用倒计时中指示线的颜色。

☆ 目标颜色：设置通用倒计时背景中圆环的颜色。

☆ 数字颜色：设置通用倒计时所显示数字的颜色。

☆ 出点时提示音：勾选选项，设置倒计时出点时发出提示音。

☆ 倒数2秒时提示音：勾选选项，在计时到倒数第2秒时，发出提示音。

☆ 在每秒都响提示音：勾选选项，在每一秒钟开始的时候发出提示音。

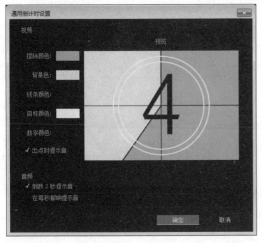

图4-4

4.1.5 透明视频

透明视频是一个不含任何影像的具有透明画面的视频文件，多用于时间占位，或为其添加效果，可设置图像尺寸等，如图4-5所示。

图4-5

4.2 编辑素材的基础操作

掌握轨道中素材的基本编辑方法可以提高制作效率，改善编辑效果。常用的操作都是在时间轴上或是素材的右键菜单中进行的。一般在面板的时间轴上设置标记点，方便查找或裁剪素材，而在素材的右键菜单中包含大量对素材常用的操作命令。

4.2.1 轨道操作

Adobe Premiere Pro CC中提供了视频轨道、音频轨道和音频子混合轨道各103个轨道，而默认显示的是3个视频轨道、3个音频轨道和1个主声道，如图4-6所示。用户可以根据制作需求，添加或删除轨道，如图4-7所示。

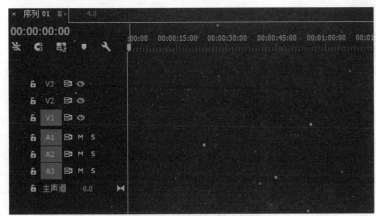

图4-6

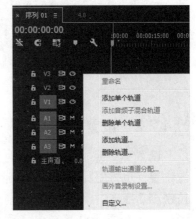

图4-7

1. 添加轨道

在轨道编辑区的空白区域单击鼠标右键，调出右键菜单，执行【添加单个轨道】或【添加轨道】命令，设置属性即可完成轨道的添加，如图4-8所示。

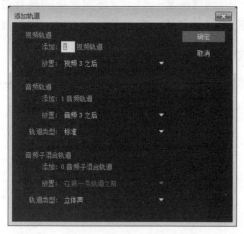

图4-8

2. 删除轨道

在想要删除的轨道空白区域单击鼠标右键，调出右键菜单，执行【删除单个轨道】或【删除轨道】命令，设置属性即可删除轨道，如图4-9所示。

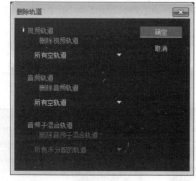

图4-9

▌4.2.2　设置标记点

设置标记点后可以快速地查找视频的特殊位置，也方便其他素材的快速对齐。在【源监视器】面板中，调整【当前时间指示器】到适当的位置，然后单击【添加标记】按钮，即可完成标记点的添加设置，如图4-10所示。

图4-10

1. 对齐

添加标记点后，在【时间轴】面板中移动其他素材，可以快捷地与素材的标记点进行对齐，如图4-11所示。

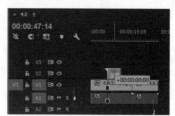

图4-11

2. 查找标记

在【源监视器】面板中，单击【转到下一标记】或【转到上一标记】按钮，即可将【当前时间指示器】快速移动到上一个标记或下一个标记处，如图4-12所示。

图4-12

在【时间轴】面板中，选择【转到下一标记】或【转到上一标记】命令，即可将【当前时间指示器】快速移动到上一个标记或下一个标记处，如图4-13所示。

图4-13

4.2.3 设置入点和出点

入点和出点的功能就是设置素材可用部分的起始位置和结束位置，即入点和出点区域之间的内容为可用素材，以方便调用制作。一般在【源监视器】面板中，对多段素材设置入点和出点进行剪辑，然后再将剪辑好的素材添加到【时间轴】面板中进行编辑。素材在【时间轴】面板中只会显示入点和出点区域之间的内容，之外的内容将不再显示，如图4-14所示。

图4-14

1. 标记入点

在【源监视器】面板中，确定当前位置后，单击【标记入点】按钮，设置剪辑素材的入点，如图4-15所示。

图4-15

2. 标记出点

在【源监视器】面板中，移动【当前时间指示器】到适当的位置，单击【标记出点】按钮，设置剪辑素材的出点，如图4-16所示。

图4-16

3. 清除入点和出点

如果随后的编辑中不需要剪辑素材的话，只需在入点和出点区域之间单击鼠标右键，调出右键菜单，执行【清除入点和出点】命令即可，如图4-17所示。

图4-17

4.2.4 插入和覆盖

一般使用【插入】或【覆盖】命令，可将剪辑好的素材从【源监视器】面板中添加到【时间轴】面板上，如图4-18所示。

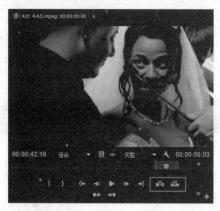

图4-18

1. 插入

在【源监视器】面板中，单击【插入】按钮 ，素材将在【时间轴】面板中添加到【当前时间指示器】的右侧，【时间轴】面板中的原有素材将会在所在的位置上分成两部分，右侧部分的素材移动到插入素材之后，如图4-19所示。时间轴上原有素材的时长和内容没有发生改变，只是位置变化了。

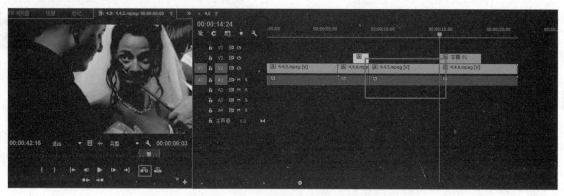

图4-19

2. 覆盖

在【源监视器】面板中，单击【覆盖】按钮 ，素材将在【时间轴】面板中添加到【当前时间指示器】的右侧，并替换相同时间长度的原有素材，如图4-20所示。时间轴上原有素材的位置没有变化，只是时长和内容被裁剪了。

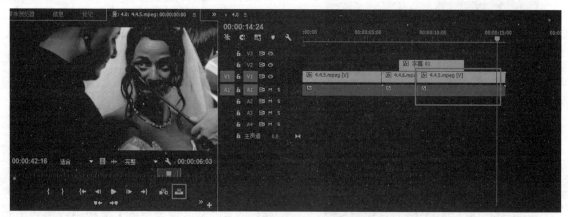

图4-20

4.2.5 提升和提取

在【节目】面板中提供了【提升】按钮和【提取】按钮，这两个按钮是非常快速且方便的剪辑工具，具有快速删除序列内某段素材的功能，如图4-21所示。

图4-21

1. 提升

提升的作用是将序列内的选中部分删除，但序列中被删除素材右侧的素材时间和位置不会发生改变，只是在序列中留出了删除素材的缝隙空间。

01 在【节目】面板中为素材要删除的部分设置入点和出点，如图4-22所示。

图4-22

02 单击【节目】面板中的【提升】按钮，即可完成素材删除功能，如图4-23所示。

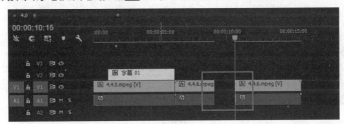

图4-23

2. 提取

提取的作用是将序列内的选中部分删除，但序列中被删除素材右侧的素材会向左移动，移动到入点的位置，相当于素材被删除后又执行了一个波形删除的功能。

01 在【节目】面板中为素材要删除的部分设置入点和出点。

02 单击【节目】面板中的【提取】按钮，即可完成素材删除功能，如图4-24所示。

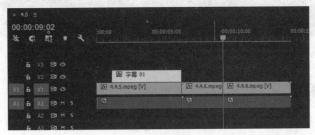

图4-24

4.2.6　分离和链接

分离和链接是将音视频文件分成两个单独的文件或组合成一个文件的操作，这样可以更方便地执行一些编辑操作。

1. 分离

有时在编辑带有音视频文件素材的时候，我们需要对素材的音频或视频部分单独处理，就需要先将素材的音视频文件分离，使其成为两个单独的素材，然后再处理单独的音频或视频文件。

要分离素材的音视频文件就需要先选中素材，然后执行右键菜单中的【取消链接】命令即可，如图4-25所示。

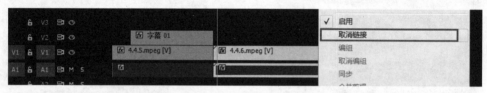

图4-25

2. 链接

链接就是将音频素材与视频素材链接在一起，组成一个新的素材文件，以方便操作。

要链接音视频素材就需要先选中要链接在一起的音频和视频素材，然后执行右键菜单中的【链接】命令即可，如图4-26所示。新链接在一起的音视频素材文件的名称后加了个"[V]"字符，如图4-27所示。

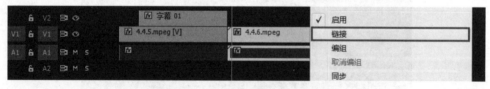

图4-26

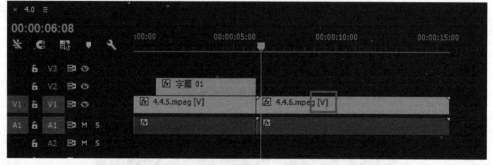

图4-27

4.2.7　编组和解组

编组和解组就是将多个文件捆绑组合在一起或分开的处理，这样方便进行移动编辑。但编组和解组与分离和链接有所不同，编组和解组是将多个文件组成一个组，多个文件还是单独的文件，这些文件可以是纯视频或音频文件。而分离和链接必须是对视频和音频文件共同的操作，而且链接之后的文件是一个新的素材文件。

1. 编组

编组就是将多个文件组合在一起。要想对多个素材编组，先选中要编组的素材文件，然后执行右键菜单中的【编组】命令即可，如图4-28所示。

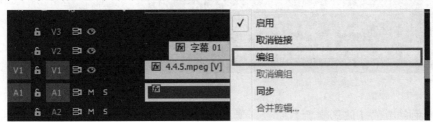

图4-28

2. 解组

解组就是将一个组文件解散，方便对组内的素材文件进行单独操作。要想解组，就需要先选中组文件，然后执行右键菜单中的【取消编组】命令即可，如图4-29所示。

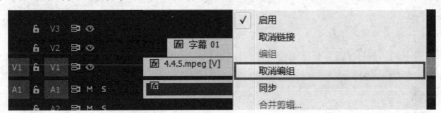

图4-29

4.2.8 剪切、复制和粘贴

素材也可以在序列中执行剪切、复制和粘贴命令，这样可以方便对修改后的素材进行位置编辑，对复制多个编辑后的素材，尤为有效，如图4-30所示。

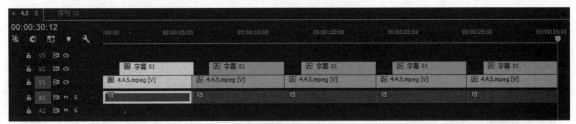

图4-30

4.2.9 波形删除

波形删除就是在序列中将素材删除后，后面的素材自动移动到删除素材的位置，可提高编辑效率。在素材右键菜单中可以进行设置。

01 在【序列1】中选中要删除的素材，单击鼠标右键，调出右键菜单，如图4-31所示。

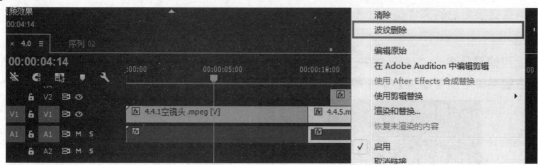

图4-31

02 执行右键菜单中的【波形删除】命令，素材删除后，后面的素材会自动向左移动，如图4-32所示。

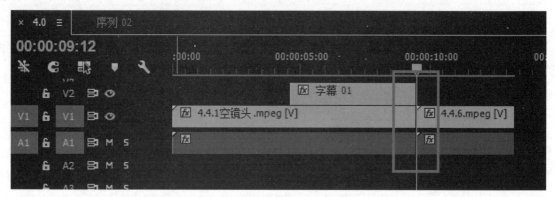

图4-32

4.2.10 启用

在Adobe Premiere Pro CC中，编辑的素材文件有时会过多过大，影响软件操作或预览速度，因此需要暂时关掉部分素材文件的启用状态，此时文件为不启用状态。文件不启用，可以减轻软件负担，加快操作或预览速度，不启动的素材显示为灰色，如图4-33所示。

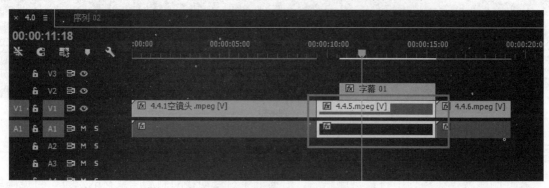

图4-33

启用是将未启用的文件重新激活，以方便预览或最终渲染。要想使素材文件重新激活启用，就需要先选中要启用的素材文件，然后执行右键菜单中的【启用】命令即可，如图4-34所示。

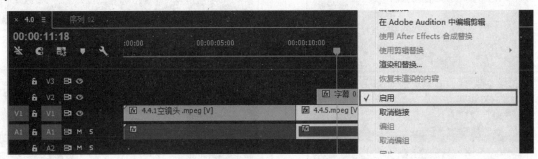

图4-34

4.2.11 嵌套

时间轴内包含多个序列文件，而序列文件通常又是由多个素材文件所组成的。嵌套就是将带有素材的序列文件作为另一个序列文件的素材使用。通常用于制作复杂的动画效果，也方便多个素材项目的管理。

01 在【序列1】中添加素材，并制作简单的动画效果，如图4-35所示。

图4-35

02 将【项目】面板中的【序列1】素材添加到【序列2】中进行编辑，如图4-36所示。

图4-36

4.2.12 速度/持续时间

速度/持续时间就是对素材的速率进行调整，以修改其持续时间，也可以使素材倒序播放，如图4-37所示。

图4-37

图4-39

4.2.13 音频增益

音频增益就是对音频文件进行增益调整，可以提高音频素材的音量，如图4-38所示。

图4-38

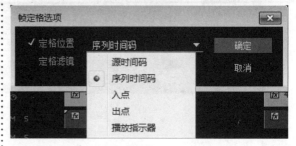

图4-40

4.2.15 场选项

场选项可以对素材的场进行重新设置，如图4-41所示。

※ 参数详解

☆ 交换场序：交换素材场的扫描顺序。

☆ 处理选项：设置素材场的计算方式。

图4-41

4.2.14 帧定格选项

帧定格选项就是使素材文件的某一个画面产生静止，达到定格的效果，如图4-39所示。

※ 参数详解

☆ 定格位置：设置素材定格帧的方式，包括【源时间码】、【序列时间码】、【入点】、【出点】和【播放指示器】5个选项，如图4-40所示。

☆ 定格滤镜：勾选选项，设置素材上的滤镜效果也保持静止状态。

4.2.16 帧混合

帧混合可以使具有停顿或跳帧的视频素材流畅播放。选中素材文件，然后执行右键菜单中的【帧混合】命令即可，如图4-42所示。

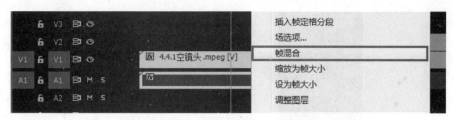

图4-42

4.2.17　缩放为帧大小

　　【缩放为帧大小】是将大小不一的素材自动缩放其大小以匹配到序列尺寸，如图4-43所示。要想使用【缩放为帧大小】效果，就需要在【序列】里选中素材文件，然后执行右键菜单中的【缩放为帧大小】命令即可，如图4-44所示。

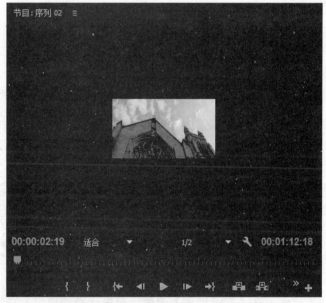

图4-43

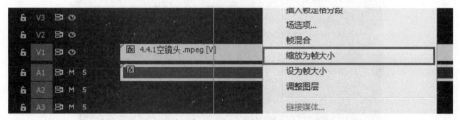

图4-44

4.2.18　替换素材

　　替换素材就是将丢失或更改路径的素材重新设置路径，以便素材可以正常使用。也可以用新素材替换原始素材，并且不改变对素材的效果更改，如图4-45所示。

图4-45

| 4.3　实训案例：视频变速　　Q ➜

4.3.1　案例目的

视频变速案例是为了加深理解【速度/持续时间】、【波形删除】、【取消链接】、【插入】和【复制】命令，以及彩条的效果。

4.3.2　案例思路

(1) 将"视频变速.mpeg"素材文件裁切为多段。

(2) 利用【波形删除】、【取消链接】、【插入】和【复制】等命令，调整素材片段之间的位置。

(3) 利用【速度/持续时间】命令，为素材片段添加变速效果。

(4) 利用【波形变形】和【杂色】视频效果，为素材片段添加变速画面效果。

(5) 添加"视频变速.mp3"素材文件和彩条的效果。

4.3.3　制作步骤

1. 设置项目

01 打开Premiere Pro CC软件，在【欢迎使用】界面上单击【新建项目】按钮，如图4-46所示。

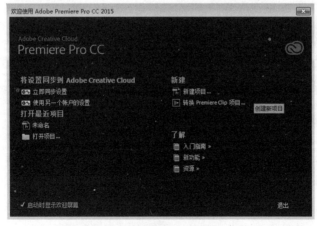

图4-46

02 在【新建项目】对话框中，输入项目名称为"视频变速"，并设置项目储存位置，单击【确定】按钮，如图4-47所示。

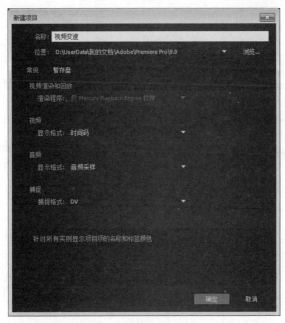

图4-47

03 执行【文件】|【新建】|【序列】命令，在【新建序列】对话框的【设置】选项卡中，设置【编辑模式】为"自定义"，【时基】为25.00帧/秒，【帧大小】为624×352，【像素长宽比】为"方形像素(1.0)"，【序列名称】为"视频变速"，如图4-48所示。

图4-48

04 执行【文件】|【导入】|【序列】命令，在【导入】对话框中选择案例素材，如图4-49所示。

图4-49

2. 设置时间轴序列

01 将"视频变速.mpeg"素材文件拖曳到序列中，在弹出的【剪辑不匹配警告】对话框中，单击【保持现有设置】按钮，如图4-50所示。

图4-50

02 将"视频变速.mpeg"素材文件拖曳至视频轨道【V1】上，如图4-51所示。

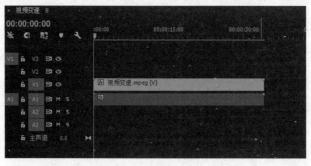

图4-51

03 取消"视频变速.mpeg"素材文件的音视频链接。执行"视频变速.mpeg"素材右键菜单中的【取消链接】命令，如图4-52所示。

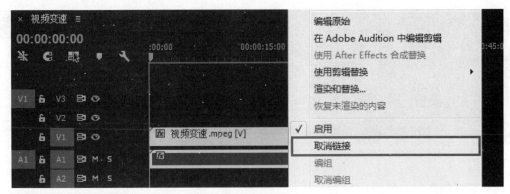

图4-52

04 删除"视频变速.mpeg"素材文件的音频部分，如图4-53所示。

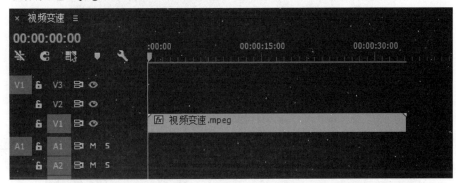

图4-53

3. 设置快退播放

01 将当前时间线移动到00:00:14:22位置，利用【剃刀工具】 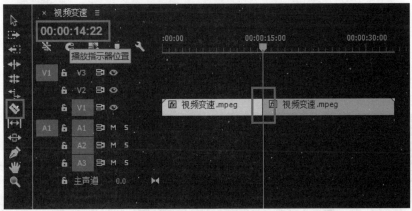裁切素材，如图4-54所示。

图4-54

02 利用【选择工具】 ，选择00:00:14:22位置右侧的素材，并执行右键菜单中的【波形删除】命令，如图4-55所示。

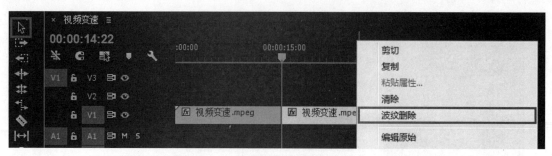

图4-55

03 复制裁切好的素材，如图4-56所示。

图4-56

04 将当前时间线移动到00:00:27:18位置，利用【剃刀工具】 ◆ 裁切素材，如图4-57所示。

图4-57

05 利用【选择工具】 ▶ ，选择00:00:14:22到00:00:27:18之间的素材，并执行右键菜单中的【波形删除】命令，如图4-58所示。

图4-58

06 将裁切好的两段素材互换位置，如图4-59所示。

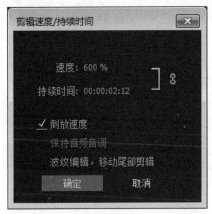

图4-59

07 选择00:00:02:01到00:00:16:22之间的素材，并执行右键菜单中的【速度/持续时间】命令。设置【剪辑速度/持续时间】面板中的【速度】为600%，勾选【倒放速度】选项，如图4-60所示。

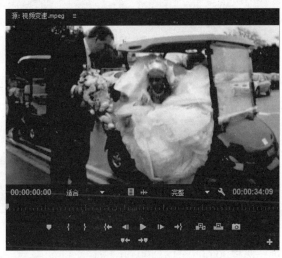

4. 设置快进播放

01 在【源监视器】面板中显示"视频变速.mpeg"素材，如图4-61所示。

图4-60

图4-61

02 在【时间轴】面板中，将当前时间线移动到00:00:04:13位置，如图4-62所示。

图4-62

03 在【源监视器】面板上单击【插入】按钮，将【源监视器】中的素材插入到序列中，如图4-63所示。

图4-63

04 取消插入素材的音视频链接，并删除音频部分，如图4-64所示。

图4-64

05 分别在00:00:06:18和00:00:23:19位置，利用【剃刀工具】裁切素材，如图4-65所示。

图4-65

06 选择00:00:06:18到00:00:23:19之间的素材，并执行右键菜单中的【速度/持续时间】命令，设置【剪辑速度/持续时间】对话框中的【速度】为600%，如图4-66所示。

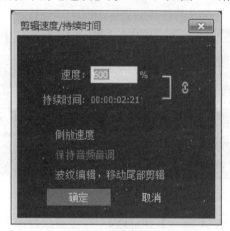

图4-66

07 在视频轨道【V1】上00:00:09:14到00:00:23:19之间的空白处，执行右键菜单中的【波形删除】命令，如图4-67所示。

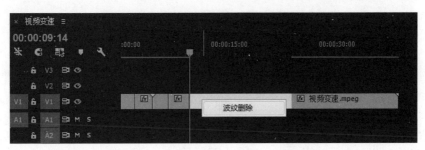

图4-67

08 将当前时间线移动到00:00:12:03位置，利用【剃刀工具】◆裁切素材，并删除00:00:12:03位置右侧的素材，如图4-68所示。

图4-68

5. 添加变速效果

01 为00:00:02:01到00:00:04:13之间的素材添加【波形变形】和【杂色】视频效果，如图4-69所示。

02 设置【波形变形】视频效果的【波形类型】为"正方形"，【波形高度】为10，【波形宽度】为4，【方向】为0.0，【波形速度】为9.6，【固定】为"水平边"，【相位】为2×1.0°，如图4-70所示。

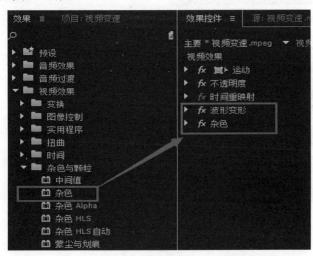

图4-69

图4-70

03 设置【杂色】视频效果的【杂色数量】为33.0%，如图4-71所示。

图4-71

04 将00:00:02:01到00:00:04:13之间素材的【波形变形】和【杂色】视频效果，复制到00:00:06:18到00:00:09:14之间的素材上，如图4-72所示。

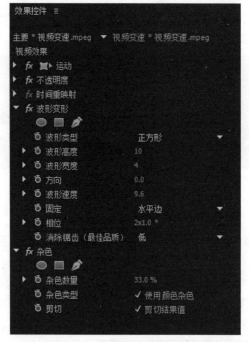

图4-72

05 将"视频变速.mp3"音频素材拖曳到序列中的音频轨道【A1】上，如图4-73所示。

图4-73

6. 添加彩条

01 执行【项目】面板中的【新建项】命令，添加【彩条】，如图4-74所示。

02 在弹出的【新建彩条】面板中，单击【确定】按钮，如图4-75所示。

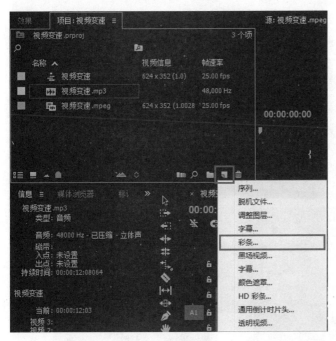

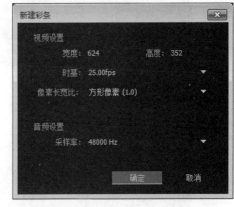

图4-74   图4-75

03 将当前时间线移动到00:00:12:03位置,将"彩条"素材添加到视频轨道上,如图4-76所示。

图4-76

04 将当前时间线移动到00:00:14:00位置,利用【剃刀工具】🔪裁切素材,并删除00:00:14:00位置右侧的素材,如图4-77所示。

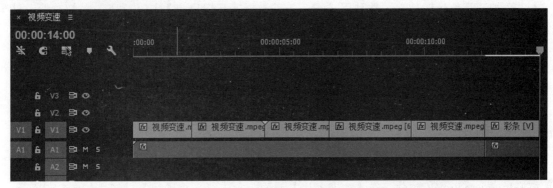

图4-77

7. 查看最终效果

在【节目监视器】面板上查看最终动画效果，如图4-78所示。

图4-78

4.4 实训案例：爱的留念

4.4.1 案例目的

爱的留念案例是为了加深理解【标记入点】、【标记出点】、【插入】和【提取】按钮功能，进一步理解【嵌套】、【取消链接】、【速度/持续时间】、【清除】和【音频增益】命令，以及通用倒计时片头的效果。

4.4.2 案例思路

(1) 添加通用倒计时片头，并利用【标记入点】、【标记出点】和【插入】按钮功能，裁剪素材。

(2) 整理时间轴中的音视频轨道，利用【嵌套】命令合并素材，并添加视频过渡效果。

(3) 利用【标记入点】、【标记出点】、【插入】和【提取】按钮功能裁剪素材。

(4) 利用【取消链接】、【清除】和【音频增益】命令制作片尾声音。

4.4.3 制作步骤

1. 设置项目

01 打开Premiere Pro CC软件，在【欢迎使用】界面上单击【新建项目】按钮，如图4-79所示。

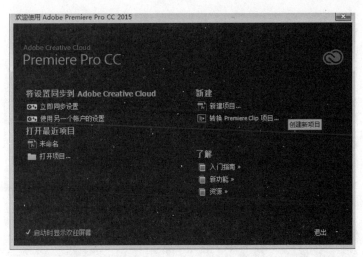

图4-79

02 在【新建项目】对话框中，输入项目名称为"爱的留念"，并设置项目储存位置，单击【确定】按钮，如图4-80所示。

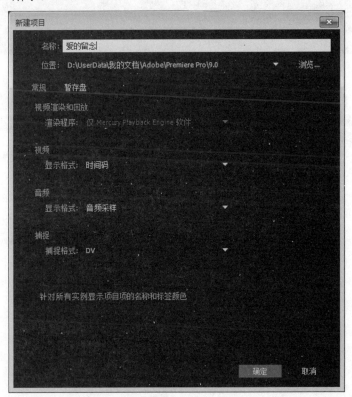

图4-80

03 执行【文件】|【新建】|【序列】命令，在【新建序列】对话框的【设置】选项卡中，设置【编辑模式】为"自定义"，【时基】为25.00帧/秒，【帧大小】为624×352，【像素长宽比】为"方形像素(1.0)"，【序列名称】为"爱的留念"，如图4-81所示。

图4-81

04 执行【文件】|【导入】|【序列】命令，在【导入】对话框中选择案例素材，如图4-82所示。

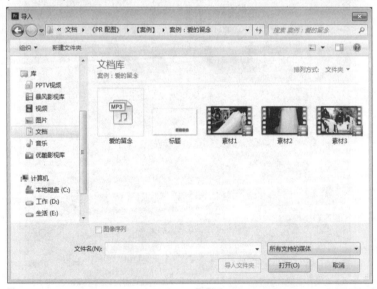

图4-82

2. 剪辑素材

01 在【项目】面板中，执行右键菜单中的【新建项目】|【通用倒计时片头】命令，如图4-83所示。

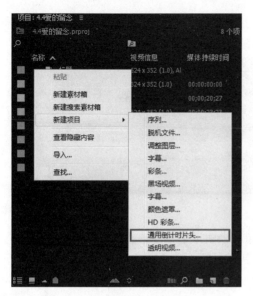

图4-83

02 将"通用倒计时片头"素材在【源监视器】面板中显示，设置标记入点为00:00:08:00，标记出点为00:00:09:24，如图4-84所示。

图4-84

03 将当前时间线移动到00:00:00:00位置，利用插入按钮，将【源监视器】面板中的剪辑插入到视频轨道【V1】中，如图4-85所示。

图4-85

04 在序列中执行右键菜单中的【删除轨道】命令，如图4-86所示。

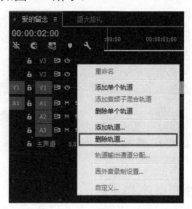

图4-86

05 设置【删除轨道】选项，勾选【删除视频轨道】和【删除音频轨道】选项，选择"所有空轨道"类型，如图4-87所示。

图4-87

06 将"素材1.mpeg"素材在【源监视器】面板中显示，设置标记入点为00:00:01:01，标记出点为00:00:04:00，如图4-88所示。

图4-88

07 将当前时间线移动到00:00:02:00位置，利用插入按钮 ![btn]，将【源监视器】面板中的剪辑插入到视频轨道【V1】中，如图4-89所示。

图4-89

08 在视频轨道【V1】上，执行右键菜单中的【添加单个轨道】命令，如图4-90所示。

09 在00:00:02:00位置，将"标题.png"素材文件拖曳至视频轨道【V2】中，如图4-91所示。

图4-90

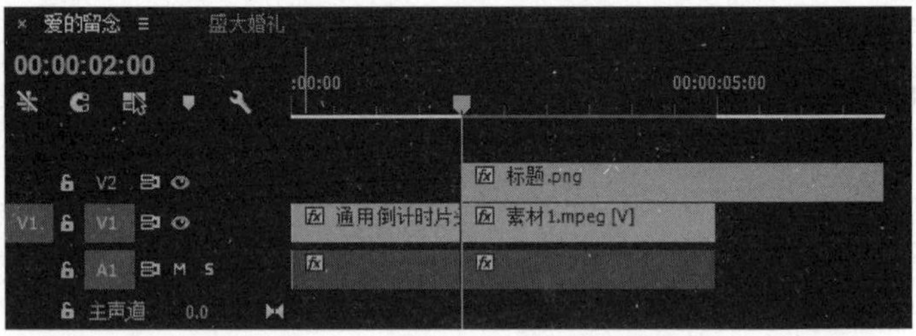

图4-91

10 在视频轨道【V2】上，执行"标题.png"素材右键菜单中的【速度/持续时间】命令，设置【持续时间】为00:00:03:00，如图4-92所示。

11 选择"标题.png"和"素材1.mpeg"素材，执行右键菜单中的【嵌套】命令，如图4-93所示。

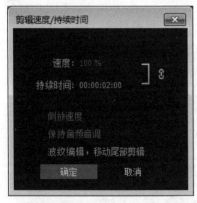

图4-92

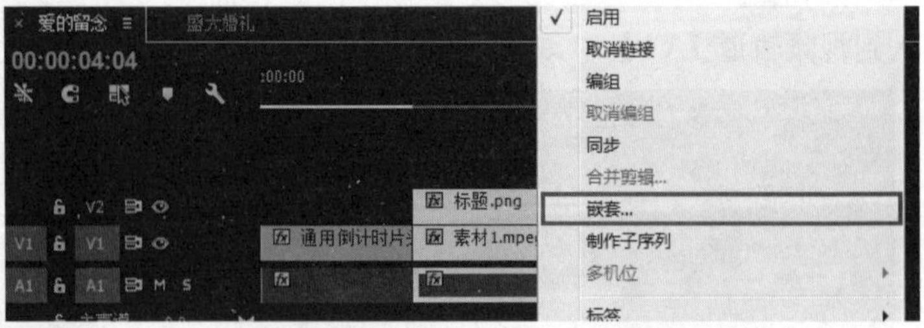

图4-93

12 激活【效果】面板，将【视频过渡】|【溶解】|【交叉溶解】效果添加到00:00:02:00位置右侧

的"嵌套序列01"素材上，如图4-94所示。

图4-94

13 在【效果控件】面板上，设置【交叉溶解】效果的【对齐】为"起点切入"，如图4-95所示。

图4-95

14 将"素材1.mpeg"素材在【源监视器】面板中显示，设置标记入点为00:00:04:16，标记出点为00:00:05:21，如图4-96所示。

图4-96

15 将当前时间线移动到00:00:05:00位置，利用插入按钮，将【源监视器】面板中的剪辑插入到视频轨道【V1】中，如图4-97所示。

图4-97

16 将"素材2.mpeg"素材在【源监视器】面板中显示，设置标记入点为00:00:07:09，标记出点为00:00:09:18，如图4-98所示。

图4-98

17 将当前时间线移动到00:00:06:06位置，利用插入按钮，将【源监视器】面板中的剪辑插入到视频轨道【V1】中，如图4-99所示。

图4-99

18 将"素材2.mpeg"素材在【源监视器】面板中显示，设置标记入点为00:00:38:22，标记出点为00:00:54:23，如图4-100所示。

19 将当前时间线移动到00:00:08:16位置，利用插入按钮，将【源监视器】面板中的剪辑插入到视频轨道【V1】中，如图4-101所示。

图4-100

图4-103

22 将"素材2.mpeg"素材在【源监视器】面板中显示，设置标记入点为00:00:47:16，标记出点为00:00:50:02，如图4-104所示。

图4-101

20 将序列在【节目监视器】面板中显示，设置标记入点为00:00:11:07，标记出点为00:00:20:23，如图4-102所示。

图4-104

23 将当前时间线移动到00:00:15:01位置，利用插入按钮，将【源监视器】面板中的剪辑插入到视频轨道【V1】中，如图4-105所示。

图4-102

21 利用提取按钮，将【节目监视器】面板中的剪辑部分从视频轨道【V1】中删除，如图4-103所示。

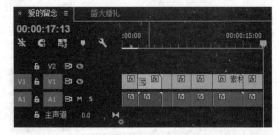

图4-105

24 将"素材3.mpeg"素材在【源监视器】面板中显示，设置标记入点为00:00:09:16，标记出点为00:00:11:05，如图4-106所示。

图4-106

25 将当前时间线移动到00:00:06:06位置，利用插入按钮，将【源监视器】面板中的剪辑插入到视频轨道【V1】中，如图4-107所示。

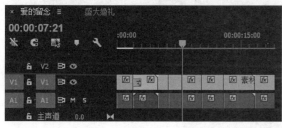

图4-107

26 将"素材3.mpeg"素材在【源监视器】面

板中显示，设置标记入点为00:00:13:22，标记出点为00:00:17:16，如图4-108所示。

图4-108

27 将当前时间线移动到00:00:19:03位置，利用插入按钮，将【源监视器】面板中的剪辑插入到视频轨道【V1】中，如图4-109所示。

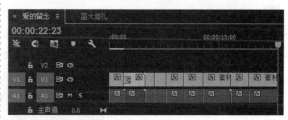

图4-109

3. 制作结尾

01 选择00:00:02:00位置右侧的全部素材，执行右键菜单中的【取消链接】命令，如图4-110所示。

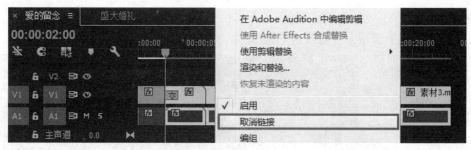

图4-110

02 选择00:00:02:00位置右侧音频轨道【A1】上的全部素材，执行右键菜单中的【清除】命令，如图4-111所示。

图4-111

03 在00:00:02:00位置，将"爱的留念.mp3"素材文件拖曳至音频轨道【A1】上，如图4-112所示。

图4-112

04 在音频轨道【A1】"爱的留念.mp3"素材文件上，执行右键菜单中的【音频增益】命令，设置【调整增益值】为2，如图4-113所示。

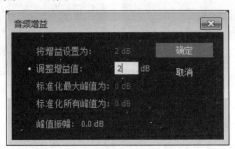

图4-113

4. 查看最终效果

在【节目监视器】面板上查看最终动画效果，如图4-114所示。

图4-114

图4-114(续)

第5章

关键帧动画

为了使素材产生更加丰富的变化效果，就需要为其添加变化动画效果。Premiere软件中提供的关键帧动画就是实现这一效果最有效的技术手段。素材的效果属性可以使素材产生变化，但是要想让变化逐渐、平稳、有效地过渡，就需要为其在指定的时间点设置参数变化，从而产生动画效果。

关键帧动画就是要在关键的帧数上设置属性变化。要想产生关键帧动画效果，就必须满足两个条件：一是至少要有2个关键帧；二是关键帧的数值属性要有变化。只有当这两个条件同时满足的时候才会产生动画效果。而在几个关键帧之间的帧，属性参数会按照一定的规律逐渐变化，从而保证了画面效果的流畅性，这一过程我们称之为补间动画，如图5-1所示。一段视频或音频中一般可以包含多个关键帧动画效果。

图5-1

5.1 创建关键帧

在Premiere Pro CC中，属性前一般都会有【切换动画】按钮，有些属性默认是开启状态。激活【切换动画】按钮，关键帧动画会显示，并会产生变化。单击【切换动画】按钮，将其关闭，将会删除所有的关键帧，属性数值不会产生变化。添加关键帧的方法有3种。

方法一：在【效果控件】面板上添加自动关键帧

01 激活【效果控件】面板上的【自动关键帧】按钮，如图5-2所示。

02 修改数值，此时就会自动添加上关键帧，如图5-3所示。

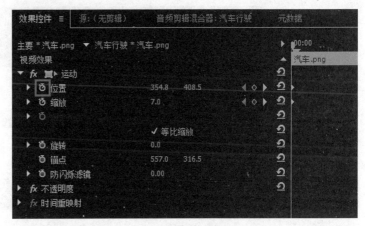

图5-2

图5-3

方法二：在【效果控件】面板上添加手动关键帧

01 激活【效果控件】面板上的【自动关键帧】按钮。

02 修改数值，此时就会自动添加上关键帧。

03 单击【添加/移除关键帧】按钮，此时即可创建新的关键帧，如图5-4所示。

图5-4

方法三：在【时间线】面板上添加关键帧

01 激活【时间线】面板上的素材，单击左上角的【效果】菜单，然后选择要添加关键帧的命令属性，显示数值横线，如图5-5所示。

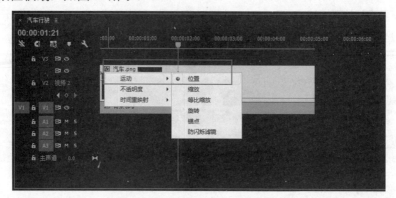

图5-5

02 将鼠标停靠在横线需要添加关键帧的位置上，按【添加/移除关键帧】按钮，单击鼠标即可添加关键帧，如图5-6所示。

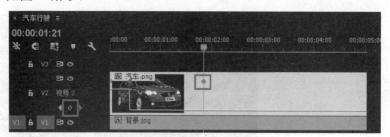

图5-6

5.2 查看关键帧

创建关键帧之后，可以在【效果控件】面板中查看关键帧，如图5-7所示。

图5-7

☆ 转到前一个关键帧：单击按钮可以直接转到前一个关键帧的时间点处。

☆ 转到后一个关键帧：单击按钮可以直接转到后一个关键帧的时间点处。

☆ 添加/移除关键帧：单击按钮可以添加或删除关键帧。

☆ ◇：表示当前时间线上有关键帧。

☆ ：表示当前时间线上没有关键帧。

☆ ◀◇▶：表示当前时间线前后都有关键帧。

☆ ◀◇▷：表示当前时间线前有关键帧。

☆ ◁◇▶：表示当前时间线后有关键帧。

5.3 编辑关键帧

为素材添加关键帧动画后，还经常需要为关键帧进行编辑调整，以达到更好的动画效果。常用的编辑修改手段有选择、移动、复制、粘贴和删除。

5.3.1 选择关键帧

利用选择工具 ，可以框选或点选关键帧，按住键盘上的Shift键可以加选关键帧。在Premiere Pro CC 2015版本中，关键帧被选中后显示为蓝色，如图5-8所示。

双击属性名称，则该属性的关键帧全部为选择状态，如图5-9所示。

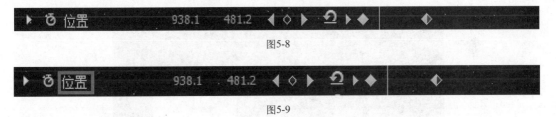

图5-8

图5-9

5.3.2 移动关键帧

用选择工具 按住关键帧，左右位移拖动，可以改变所选关键帧在时间轴上的位置。

5.3.3 复制、粘贴关键帧

与大多数软件的复制和粘贴功能一样。选中一个或多个关键帧，单击鼠标右键，在弹出菜单中选择【复制】命令，然后将当前时间线挪动到所需要的位置，单击鼠标右键，在弹出菜单中选择【粘贴】命令，即可完成复制粘贴功能，如图5-10所示。也可使用快捷键Ctrl+C和Ctrl+V。

或者，选择要复制的关键帧，然后按住Alt键，并按住鼠标左键拖动关键帧到所需要的位置，即可完成复制关键帧的功能操作。

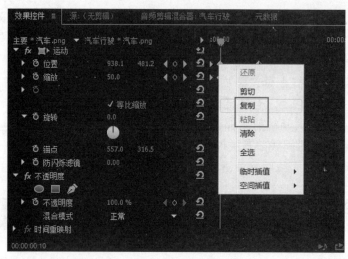

图5-10

5.3.4　删除关键帧

　　选择要删除的关键帧，然后按键盘上的Delete键，或者在弹出的右键菜单中选择【清除】命令，即可完成删除关键帧的功能操作，如图5-11所示。

　　或者将时间线移动到关键帧上，然后单击【添加/移除关键帧】按钮 ，即可完成删除关键帧的功能操作。

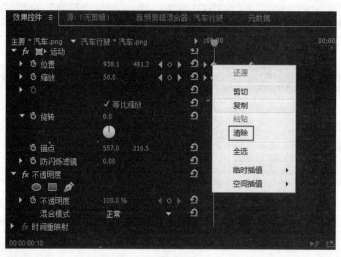

图5-11

5.4　关键帧插值

　　【关键帧插值】可以调整关键帧之间的补间数值变化，使关键帧之间产生变速度、匀速度、加速度和减速度的速度变化，可调整素材的速度、平滑度和运动轨迹。

5.4.1 空间插值

　　【空间插值】就是在【节目监视器】面板里调整素材运动轨迹的路径，如图5-12所示。

01 为【位置】属性添加两个关键帧，开启【效果控件】面板上的【自动关键帧】按钮。

02 激活【效果控件】面板中的运动属性图标 fx ▇ ▶ 运动，或者在【监视器】面板中双击素材。

03 通过调整素材位置或调整关键帧控制曲柄，从而改变素材的运动路径，如图5-13所示。

图5-12

图5-13

5.4.2 临时插值

　　【临时插值】就是关键帧之间的插值方式，默认为线性插值。【临时插值】命令在关键帧的右键弹出菜单中，其中包含7个选项类型，分别是【线性】、【贝塞尔曲线】、【自动贝塞尔曲线】、【连续贝塞尔曲线】、【定格】、【缓入】和【缓出】，如图5-14所示。

图5-14

☆ 线性：素材变化方式为匀速直线平均过渡，关键帧显示为 ▦。
☆ 贝塞尔曲线：素材变化方式为可调节的曲线过渡，关键帧显示为 ▦。
☆ 自动贝塞尔曲线：素材变化方式为自动平滑的曲线过渡，关键帧显示为 ▦。
☆ 连续贝塞尔曲线：素材变化方式为连续平滑的曲线过渡，关键帧显示为 ▦。
☆ 定格：素材变化方式为阶梯形，保持关键帧状态，没有过渡，直接跳转到下一关键帧状态，关键帧显示为 ▦。
☆ 缓入：素材变化方式为缓慢渐入的过渡，关键帧显示为 ▥。
☆ 缓出：素材变化方式为缓慢渐出的过渡，关键帧显示为 ▦。

5.5 运动特效属性

在【视频效果】面板中的【运动】特效是视频素材最基本的属性，可对素材的位置、大小和旋转角度进行简单的调整，其中包含5个属性，分别是【位置】、【缩放】、【旋转】、【锚点】和【防闪烁滤镜】，如图5-15所示。

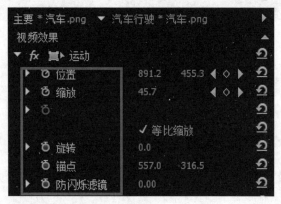

图5-15

1. 位置

【位置】属性就是素材在屏幕中的空间位置，其属性数值表示素材中心点的坐标，如图5-16所示。修改素材位置的方法有3种。

图5-16

方法一：修改【位置】属性横纵坐标数值。
方法二：激活【效果控件】面板中的运动属性图标 *fx* ▣▸运动，拖动素材位移，如图5-17所示。
方法三：在【监视器】面板中双击素材，拖动素材位移。

图5-17

2. 缩放

　　【缩放】属性就是素材在屏幕中的画面大小。可直接修改属性参数或者在【监视器】面板中拖曳素材缩放大小，如图5-18所示。

　　默认状态为等比缩放，素材将会等比例进行缩放变化。当【等比缩放】选项关闭后，就会开启【缩放高度】和【缩放宽度】属性，可分别调节素材的高度和宽度，如图5-19所示。

图5-18

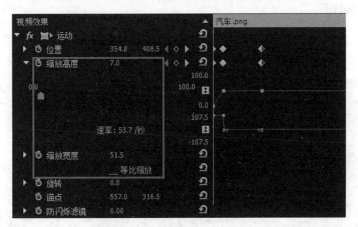

图5-19

3. 旋转

　　【旋转】属性就是素材以锚点为中心进行按角度的旋转，顺时针旋转属性数值为正数，逆时针旋转属性数值为负数。可直接修改属性参数或者在【监视器】面板中旋转素材，如图5-20所示。

图5-20

4. 锚点

【锚点】属性就是素材变化的中心点，其属性发生变化，会影响素材缩放和旋转的中心点。

5. 防闪烁滤镜

【防闪烁滤镜】属性用于消除视频中的闪烁现象。

| 5.6　不透明度与混合模式　　

在Premiere Pro CC中，【不透明度】属性下包括了【不透明度】和【混合模式】两个设置。Premiere Pro早期的版本中只有【不透明度】属性，现在将After Effects里的【混合模式】功能融入【不透明度】属性中，这样使Premiere Pro CC软件的功能更加强大了。

5.6.1　不透明度

【不透明度】属性就是素材透明度显示的多少，属性数值越小，素材就越透明，如图5-21所示。

图5-21

5.6.2 混合模式

【混合模式】属性是设置素材与其他素材混合的方式，就是将当前图层与下层图层文件相互混合、叠加或交互，通过图层素材之间的相互影响，使当前图层画面产生变化效果。图层混合模式分为普通模式组、变暗模式组、变亮模式组、对比模式组、比较模式组和颜色模式组6个组，27个模式，如图5-22所示。

图5-22

1. 普通模式组

普通模式组的混合效果就是将当前图层素材与下层图层素材的不透明度变化而产生相应的变化效果，包括【正常】和【溶解】两种模式。

☆ 正常：此混合模式为软件默认模式，根据Alpha通道调整图层素材的透明度，当图层素材不透明度为100%时，遮挡下层素材的显示效果如图5-23所示。

图5-23

☆ 溶解：影响图层素材之间的融合显示，图层结果影像像素由基础颜色像素或混合颜色像素随机替换，显示取决于像素透明度的多少。如果不透明度为100%时，则不显示下层素材影像，如图5-24所示。

图5-24

2. 变暗模式组

变暗模式组的主要作用就是使当前图层素材颜色整体加深变暗，包括【变暗】、【相乘】、【颜色加深】、【线性加深】和【深色】5种模式。

☆ 变暗：两个图层间素材相混合时，查看并比较每个通道的颜色信息，选择基础颜色和混合颜色中较为偏暗的颜色作为结果颜色，暗色替代亮色。变暗模式的效果如图5-25所示。

图5-25

☆ 相乘：是一种减色模式，将基础颜色通道与混合颜色通道数值相乘，再除以位深度像素的最大值，具体结果取决于图层素材颜色深度。而颜色相乘后会得到一种更暗的效果。相乘模式的效果如图5-26所示。

图5-26

☆ 颜色加深：用于查看并比较每个通道中的颜色信息，通过增加对比度使基础颜色变暗，结果颜色是混合颜色变暗而形成的。混合影像中的白色部分不发生变化。颜色加深模式的效果如图5-27所示。

图5-27

☆ 线性加深：用于查看并比较每个通道中的颜色信息，通过减小亮度使基础颜色变暗，并反映混合颜色，混合影像中的白色部分不发生变化，比相乘模式产生更暗的效果。线性加深模式的效果如图5-28所示。

图5-28

☆ 深色：与变暗模式相似，但深色模式不会比较素材间的生成颜色，只对素材进行比较，选取最小数值为结果颜色。深色模式的效果如图5-29所示。

图5-29

3. 变亮模式组

变亮模式组的主要作用就是使图层颜色整体变亮，包括【变亮】、【滤色】、【颜色减淡】、【线性减淡(添加)】和【浅色】5种模式。

☆ 变亮：两个图层间的素材相混合时，查看并比较每个通道的颜色信息，选择基础颜色和混合颜色中较为明亮的颜色作为结果颜色，亮色替代暗色。变亮模式的效果如图5-30所示。

图5-30

☆ 滤色：用于查看每个通道中的颜色信息，并将混合之后的颜色与基础颜色进行正片叠底。此效果类似于多个摄影幻灯片在彼此之上投影。滤色模式的效果如图5-31所示。

图5-31

☆ 颜色减淡：用于查看并比较每个通道中的颜色信息，通过减小两者之间的对比度使基础颜色变亮以反映出混合颜色。混合影像中的黑色部分不发生变化。颜色减淡模式的效果如图5-32所示。

图5-32

☆ 线性减淡(添加)：用于查看并比较每个通道中的颜色信息，通过增加亮度使基础颜色变亮以反映混合颜色。混合影像中的黑色部分不发生变化。线性减淡(添加)模式效果如图5-33所示。

图5-33

☆ 浅色：与变亮相似，但浅色模式不会比较素材间的生成颜色，只对素材进行比较，选取最大数值为结果颜色。浅色模式的效果如图5-34所示。

图5-34

4. 对比模式组

对比模式组的混合效果就是将当前图层素材与下层图层素材的颜色亮度进行比较，查看灰度后，选择合适的模式叠加效果，包括【叠加】、【柔光】、【强光】、【亮光】、【线性光】、【点光】和【强混合】7种模式。

☆ 叠加：对当前图层的基础颜色进行正片叠底或滤色叠加，保留前图层素材的明暗对比。叠加模式的效果如图5-35所示。

图5-35

☆ 柔光：使结果颜色变暗或变亮，具体取决于混合颜色。与发散的聚光灯照在图像上的效果相似。如果混合颜色比 50% 灰色亮，则结果颜色变亮，反之则变暗。混合影像中的纯黑或纯白颜色，可以产生明显的变暗或变亮效果，但不能产生纯黑或纯白颜色效果。柔光模式的效果如图5-36所示。

图5-36

☆ 强光：模拟强烈光线照在图像上的效果。该效果对颜色进行正片叠底或过滤，具体取决于混合颜色。如果混合颜色比 50% 灰色亮，则结果颜色变亮，反之则变暗。多用于添加高光或阴影效果。混合影像中的纯黑或纯白颜色，在素材混合后仍会产生纯黑或纯白颜色效果。强光模式的效果如图5-37所示。

图5-37

☆ 亮光：通过增加或减小对比度来加深或减淡颜色，具体取决于混合颜色。如果混合颜色比 50% 灰色亮，则通过减小对比度使图像变亮，反之，则通过增加对比度使图像变暗。亮光模式的效果如图5-38所示。

图5-38

☆ 线性光：通过减小或增加亮度来加深或减淡颜色，具体取决于混合颜色。如果混合颜色比 50% 灰色亮，则通过增加亮度使图像变亮；反之，则通过减小亮度使图像变暗。线性光模式的效果如图5-39所示。

图5-39

☆ 点光：根据混合颜色替换颜色。如果混合颜色比 50% 灰色亮，则替换比混合颜色暗的像素，而不改变比混合颜色亮的像素。如果混合颜色比 50% 灰色暗，则替换比混合颜色亮的像素，而比混合颜色暗的像素保持不变。这对于向图像添加特殊效果非常有用。点光模式的效果如图5-40所示。

图5-40

☆ 强混合：将混合颜色的红色、绿色和蓝色通道值添加到基础颜色的 RGB 值中。计算通道结果，将所有像素更改为主要的纯颜色。强混合模式的效果如图5-41所示。

图5-41

5. 比较模式组

比较模式组的混合效果就是比较当前图层素材与下层图层素材的颜色数值来产生差异效果，包括【差值】、【排除】、【相减】和【相除】4种模式。

☆ 差值：查看每个通道中的颜色信息，并从基础颜色中减去混合颜色，或从混合颜色中减去基础颜色，具体取决于哪个颜色的亮度值更高。与白色混合将反转基础颜色值；与黑色混合则不产生变化。差值模式的效果如图5-42所示。

图5-42

☆ 排除：与差值模式非常类似，只是对比度效果较弱。与白色混合将反转基础颜色值；与黑色混合则不产生变化。排除模式的效果如图5-43所示。

图5-43

☆ 相减：查看每个通道中的颜色信息，并从基础颜色中减去混合颜色。相减模式的效果如图5-44所示。

图5-44

☆ 相除：将基础颜色与混合颜色相除，结果颜色是一种明亮的效果。任何颜色与黑色相除都会产生黑色，与白色相除都会产生白色。相除模式的效果如图5-45所示。

图5-45

6. 颜色模式组

颜色模式组的混合效果就是通过改变下层颜色的色彩属性从而产生不同的叠加效果，包括【色相】、【饱和度】、【颜色】和【发光度】4种模式。

☆ 色相：通过基础颜色的明亮度和饱和度，以及混合颜色的色相创建结果颜色，如图5-46所示。

图5-46

☆ 饱和度：通过基础颜色的明亮度和色相，以及混合颜色的饱和度创建结果颜色，如图5-47所示。

图5-47

☆ 颜色：通过基础颜色的明亮度，以及混合颜色的色相和饱和度创建结果颜色，如图5-48所示。

图5-48

☆ 发光度：通过基础颜色的色相和饱和度，以及混合颜色的明亮度创建结果颜色，如图5-49所示。

图5-49

5.7 时间重映射

【时间重映射】属性可设置素材时间变化的速度，使时间重置，调整播放速度的快慢，也可使素材播放出现静止或者倒退效果，如图5-50所示。

图5-50

5.8 实训案例：时间记忆

5.8.1 案例目的

时间记忆案例是为了加深理解素材【视频效果】面板中的【锚点】和【旋转】属性特征。

5.8.2 案例思路

(1) 将"背景.jpg"素材文件作为背景放置为底层。

(2) 分别设置"时针.png"、"分针.png"和"秒针.png"的锚点属性，使其与表盘中心点对齐，并以此为轴心进行旋转。

(3) 制作表针旋转动画。

(4) 将"中心点.png"素材文件，覆盖在最上端。

5.8.3 制作步骤

1. 设置项目

01 打开Premiere Pro CC软件，在【欢迎使用】界面上单击【新建项目】按钮，如图5-51所示。

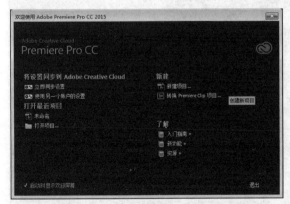

图5-51

02 在【新建项目】对话框中，输入项目名称为"时间记忆"，并设置项目储存位置，单击【确定】按钮，如图5-52所示。

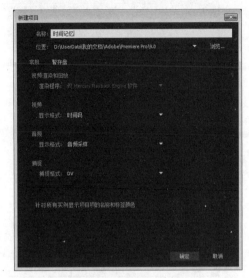

图5-52

03 执行【文件】|【新建】|【序列】命令，在【新建序列】对话框的【设置】选项卡中，设置【编辑模式】为"自定义"，【时基】为25.00帧/秒，【帧大小】为1920×1200，【像素长宽比】为"方形像素(1.0)"，【序列名称】为"时间记忆"，如图5-53所示。

图5-53

04 执行【文件】|【导入】|【序列】命令，在【导入】对话框中选择案例素材，如图5-54所示。

图5-54

2. 设置背景

新建项目导入素材，将序列名称改为"时间记忆"，并将"背景.jpg"素材文件拖曳至【V1】视频轨道上，如图5-55所示。

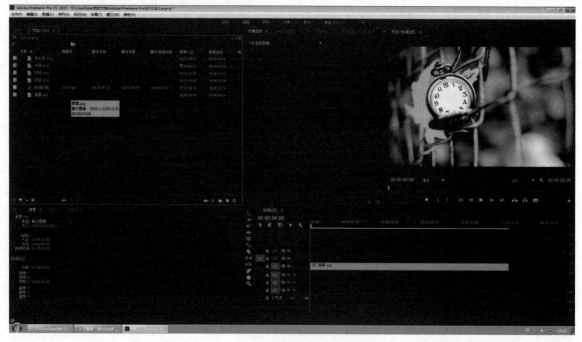

图5-55

3. 设置表针位置

01 分别将"时针.png"、"分针.png"和"秒针.png"素材文件拖曳至【V2】至【V4】视频轨道上，如图5-56所示。

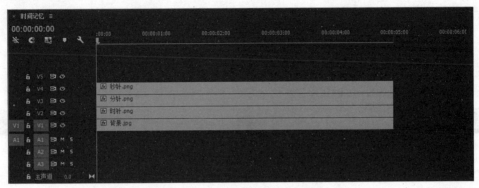

图5-56

02 设置"时针.png"素材文件的【位置】为(639.3,523.3)，【锚点】为(33.5,117.6)，如图5-57所示。

03 设置"分针.png"素材文件的【位置】为(638.7,525.3)，【锚点】为(19.2,136.8)，如图5-58所示。

图5-57

图5-58

04 设置"秒针.png"素材文件的【位置】为(639.3,526.0)，【锚点】为(20.3,152.5)，如图5-59所示。

05 查看表针中心点是否对齐，如图5-60所示。

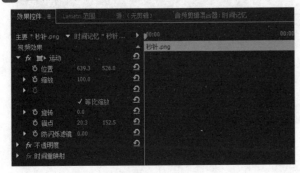

图5-59

图5-60

4. 设置表针旋转动画

01 设置"时针.png"素材文件起始帧的【旋转】为-12.0°，将当前时间线移动到最后一帧位置，设置【旋转】为4.0°，如图5-61所示。

图5-61

02 设置"分针.png"素材文件起始帧的【旋转】为26.0°，将当前时间线移动到最后一帧位置，设置【旋转】为47.0°，如图5-62所示。

图5-62

03 设置"时针.png"素材文件起始帧的【旋转】为-14.0°，将当前时间线移动到最后一帧位置，设置【旋转】为2×0.0°，如图5-63所示。

图5-63

04 查看效果，如图5-64所示。

图5-64

5. 设置中心点覆盖

01 将"中心点.png"素材文件拖曳至【V5】视频轨道上，如图5-65所示。

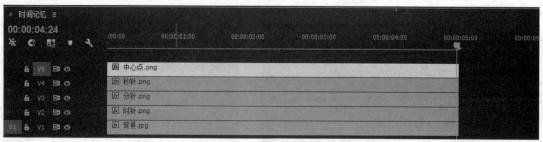

图5-65

02 设置"秒针.png"素材文件的【位置】为(640.0,524.0)，如图5-66所示。

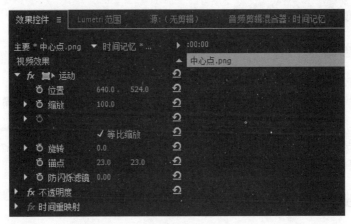

图5-66

6. 查看最终效果

在【节目监视器】面板上查看最终动画效果，如图5-67所示。

图5-67

5.9 实训案例：一叶知秋

5.9.1 案例目的

一叶知秋案例是为了加深理解在【视频效果】面板中的【移动】、【旋转】和【透明度】

属性特征和动画插值的设置。

5.9.2 案例思路

(1) 将"背景.jpg"素材文件作为背景放置于底层。

(2) 分别设置"红叶.pn"、"绿叶.png"和"黄叶.png"的运动属性，模拟树叶先后自然摆动飘落效果。

(3) 制作表针旋转动画。

(4) 设置"字幕：一叶知秋.png"素材文件的显示动画。

5.9.3 制作步骤

1. 设置项目

01 打开Premiere Pro CC软件，在【欢迎使用】界面上单击【新建项目】按钮，如图5-68所示。

02 在【新建项目】对话框中，输入项目名称为"一叶知秋"，并设置项目储存位置，单击【确定】按钮，如图5-69所示。

图5-68

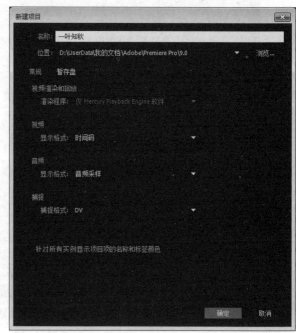

图5-69

03 执行【文件】|【新建】|【序列】命令，在【新建序列】对话框的【设置】选项卡中，设置【编辑模式】为"自定义"，【时基】为25.00帧/秒，【帧大小】为1024×1024，【像素长宽比】为"方形像素(1.0)"，【序列名称】为"一叶知秋"，如图5-70所示。

04 执行【文件】|【导入】|【序列】命令，在【导入】对话框中选择案例素材，如图5-71所示。

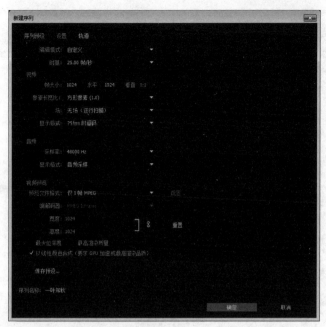

图5-70

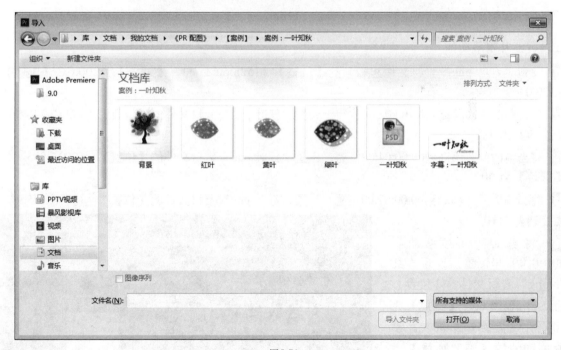

图5-71

2. 设置轨道素材

新建项目，导入素材，将序列名称改为"一叶知秋"，分别将"背景.jpg"、"红叶.png"、"绿叶.png"素材文件拖曳至【V1】至【V4】视频轨道上，设置素材文件【持续时间】为14秒，如图5-72所示。

图5-72

3. 设置红叶飘落动画

01 设置"红叶.png"素材文件起始帧的【位置】为(528.6,632.1)，【缩放】为200.0，【旋转】为-20.0°。

02 将当前时间线移动到00:00:02:00位置，设置"红叶.png"素材文件的【位置】为(429.2,746.5)，【旋转】为10.7°。

03 将当前时间线移动到00:00:04:00位置，设置"红叶.png"素材文件的【位置】为(660.7,835.4)，【旋转】为-40°。

04 将当前时间线移动到00:00:07:00位置，设置"红叶.png"素材文件的【位置】为(508.0,945.9)，【旋转】为10°。

05 将当前时间线移动到00:00:09:00位置，设置"红叶.png"素材文件的【位置】为(545.5,975.0)，【缩放】为100.0，【旋转】为-30°。设置关键帧的【临时插值】为【自动贝塞尔曲线】，如图5-73所示。

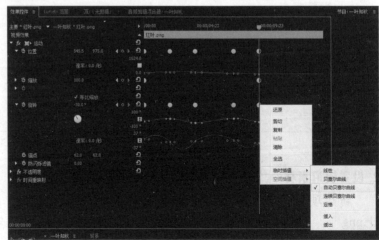

图5-73

4. 设置绿叶飘落动画

01 设置"绿叶.png"素材文件起始帧的【位置】为(412.2,482.8)，【缩放】为150.0，【旋转】为18.6°。

02 将当前时间线移动到00:00:02:00位置，设置"绿叶.png"素材文件的【位置】为(498.5,568.9)，【旋转】为-9.9°。

03 将当前时间线移动到00:00:04:00位置，设置"绿叶.png"素材文件的【位置】为(339.8,687.0)，【旋转】为28.3°。

04 将当前时间线移动到00:00:07:00位置，设置"绿叶.png"素材文件的【位置】为(537.5,825.3)，【旋转】为-28.6°。

05 将当前时间线移动到00:00:09:00位置，设置"绿叶.png"素材文件的【位置】为(412.2,870.0)，【缩放】为100.0，【旋转】为18.6°。并设置关键帧的【临时插值】为【自动贝塞尔曲线】，如图5-74所示。

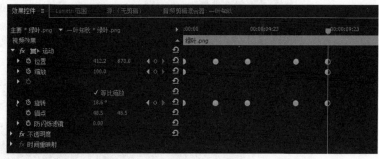

图5-74

5. 设置黄叶飘落动画

01 设置"黄叶.png"素材文件起始帧的【位置】为(755.4,429.3)，【缩放】为200.0，【旋转】为15°。

02 将当前时间线移动到00:00:02:00位置，设置"黄叶.png"素材文件的【位置】为(826.5,519.5)，【旋转】为-25.1°。

03 将当前时间线移动到00:00:05:00位置，设置"黄叶.png"素材文件的【位置】为(722.0,674.4)，【旋转】为12.5°。

04 将当前时间线移动到00:00:08:00位置，设置"黄叶.png"素材文件的【位置】为(804.4,786.8)，【旋转】为-34.1°。

05 将当前时间线移动到00:00:11:00位置，设置"黄叶.png"素材文件的【位置】为(755.4,862.3)，【缩放】为100.0，【旋转】为-17.1°。并设置关键帧的【临时插值】为【连续贝塞尔曲线】，如图5-75所示。

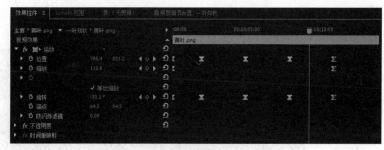

图5-75

6. 设置标题字幕

01 在00:00:09:00位置处，将"字幕：一叶知秋.png"素材文件拖曳至【V5】视频轨道上，设置素材文件的【持续时间】为5秒，如图5-76所示。

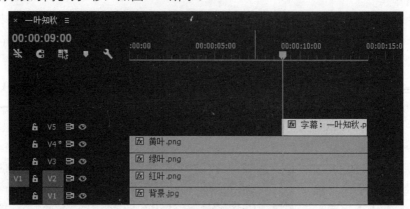

图5-76

02 设置"字幕：一叶知秋.png"素材文件起始帧的【位置】为(502.8,877.1)，【缩放】为133.3，【不透明度】为0.0，如图5-77所示。

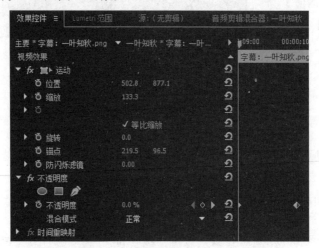

图5-77

03 将当前时间线移动到00:00:11:00位置，设置"字幕：一叶知秋.png"素材文件的【不透明度】为100.0%，如图5-78所示。

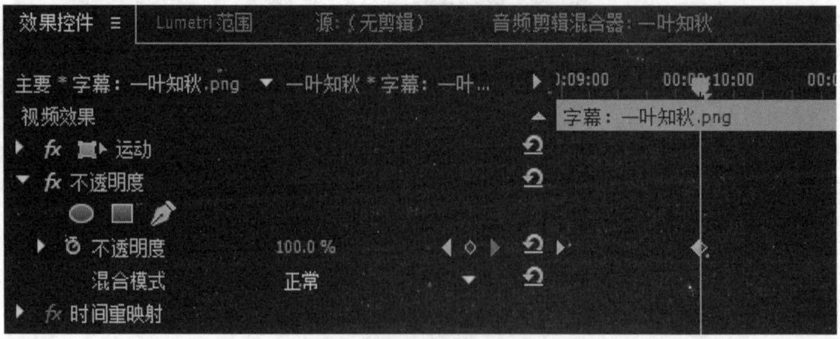

图5-78

7. 查看最终效果

在【节目监视器】面板上查看最终动画效果，如图5-79所示。

图5-79

5.10 实训案例：气球飞扬

5.10.1 案例目的

气球飞扬案例是为了进一步加深掌握素材【视频效果】面板中的【移动】、【旋转】和【透明度】属性特征和复制素材的练习。

5.10.2 案例思路

(1) 将"背景.jpg"素材文件作为背景放置为底层。
(2) 设置"太阳.png"素材文件的旋转属性，模拟太阳自由转动效果。

(3) 设置"飞船.png"素材文件的位移属性，模拟飞船飞走的效果。

(4) 设置"气球.png"素材文件的位移、缩放和不透明度属性，模拟气球飞远的效果。

(5) 设置"桃心.png"素材文件的位移、缩放和不透明度属性，模拟烟雾消散的效果。

5.10.3 制作步骤

1. 设置项目

01 打开Premiere Pro CC软件，在【欢迎使用】界面上单击【新建项目】按钮，如图5-80所示。

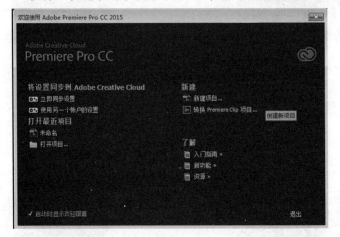

图5-80

02 在【新建项目】对话框中，输入项目名称为"气球飞扬"，并设置项目储存位置，单击【确定】按钮，如图5-81所示。

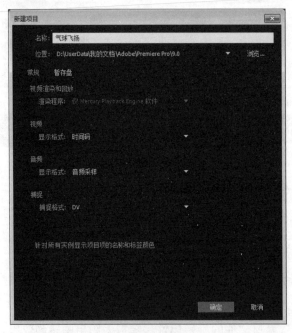

图5-81

03 执行【文件】|【新建】|【序列】命令，在【新建序列】对话框的【设置】选项卡中，设置【编辑模式】为"自定义"，【时基】为25.00帧/秒，【帧大小】为1920×1200，【像素长宽比】为"方形像素(1.0)"，【序列名称】为"气球飞扬"，如图5-82所示。

图5-82

04 执行【文件】|【导入】|【序列】命令，在【导入】对话框中选择案例素材，如图5-83所示。

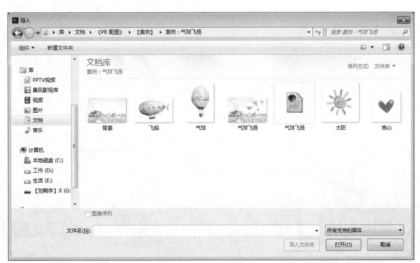

图5-83

2. 设置轨道素材

新建项目，导入素材，将序列名称改为"气球飞扬"，分别将"背景.jpg"、"太阳.png"、"飞船.png"和"气球.png"素材文件拖曳至【V1】至【V4】视频轨道上，设置素材文件的【持续时间】为8秒，如图5-84所示。

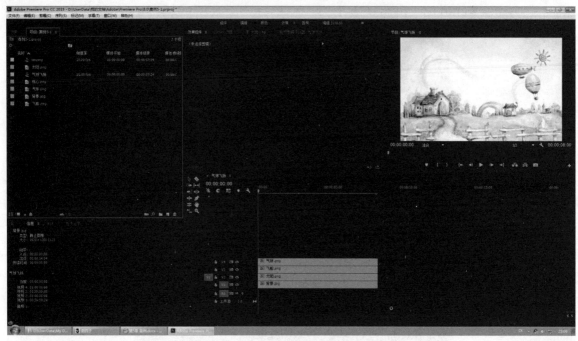

图5-84

3. 设置太阳旋转动画

01 设置"太阳.png"素材文件起始帧的【位置】为(1694.5,234.5)，【旋转】为0.0°，如图5-85所示。

图5-85

02 将当前时间线移动到最后一帧位置，设置"太阳.png"素材文件的【旋转】为1×0.0°，如图5-86所示。

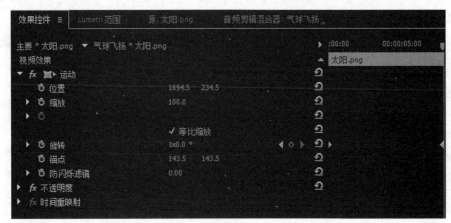

图5-86

4. 设置飞船飞行动画

01 设置"飞船.png"素材文件起始帧的【位置】为(1456.8,389.8)，如图5-87所示。

图5-87

02 将当前时间线移动到最后一帧位置，设置"飞船.png"素材文件的【位置】为(255.8,389.8)，如图5-88所示。

图5-88

5. 设置气球飘远动画

01 设置"气球.png"素材文件起始帧的【位置】为(1581.7,581.7)，【缩放】为92.0，【旋转】为-10.7，【不透明度】为100.0%，如图5-89所示。

图5-89

02 将当前时间线移动到最后一帧位置，设置"气球.png"素材文件的【位置】为(1500,300)，【缩放】为70.0，【旋转】为-10.7，【不透明度】为75.0%，如图5-90所示。

图5-90

6. 设置小房子桃心烟雾动画

01 将"桃心.png"素材文件拖曳至【V8】视频轨道上，设置素材文件的【持续时间】为8秒，如图5-91所示。

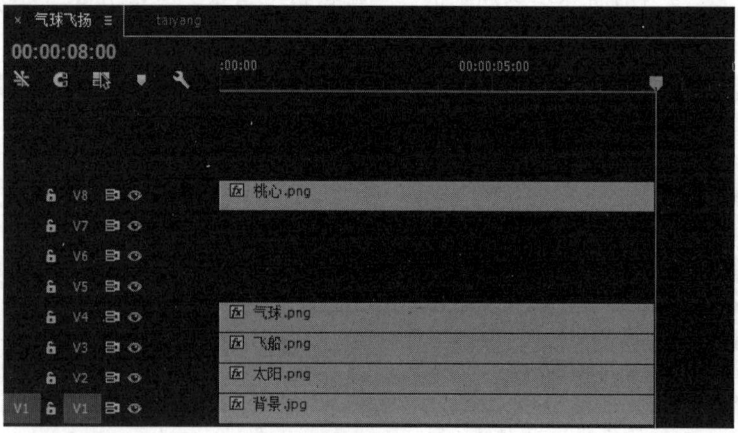

图5-91

02 设置"桃心.png"素材文件起始帧的【位置】为(1373.0,726.0)，【缩放】为100.0，【不透明度】为100.0%，如图5-92所示。

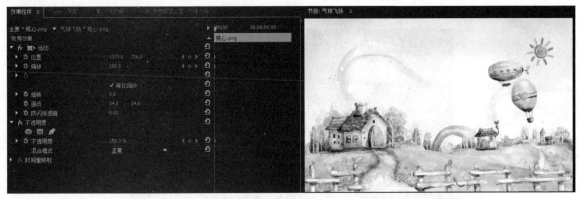

图5-92

03 将当前时间线移动到最后一帧位置，设置"桃心.png"素材文件的【位置】为(1373.0,394.0)，【缩放】为300.0，【不透明度】为0.0，如图5-93所示。

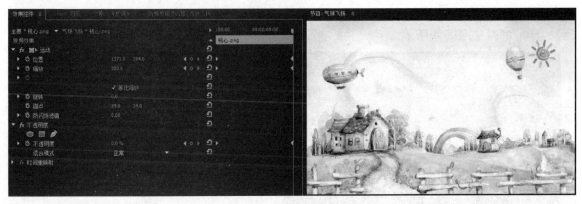

图5-93

04 复制调整后的"桃心.png"素材文件，分别放置在【V5】至【V7】视频轨道上，并将起始位置依次向后移动2秒，并删除时间轴上第8秒以后的素材部分，如图5-94所示。

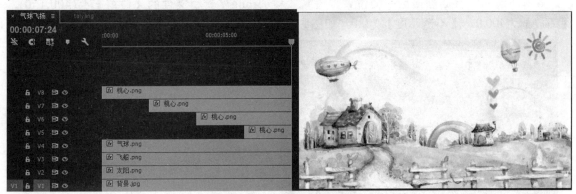

图5-94

7. 设置大房子桃心烟雾动画

01 将"桃心.png"素材文件拖曳至【V12】视频轨道上，设置素材文件的【持续时间】为8秒，如图5-95所示。

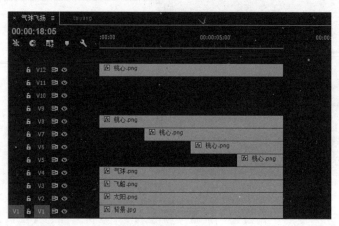

图5-95

02 设置"桃心.png"素材文件起始帧的【位置】为(395.0,560.0)，【缩放】为140.0，【不透明度】为100.0%，如图5-96所示。

图5-96

03 将当前时间线移动到最后一帧位置，设置"桃心.png"素材文件的【位置】为(400,150)，【缩放】为400.0，【不透明度】为0.0，如图5-97所示。

图5-97

04 复制调整后的"桃心.png"素材文件,分别放置在【V5】至【V7】视频轨道上,并将起始位置依次向后移动2秒,并删除时间轴上第8秒以后的素材部分,如图5-98所示。

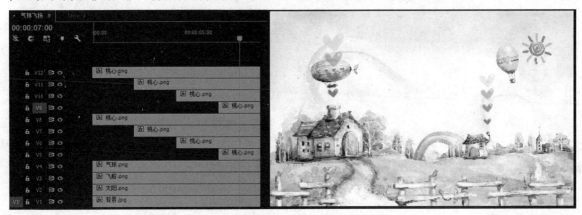

图5-98

8. 查看最终效果

在【节目监视器】面板上查看最终动画效果,如图5-99所示。

图5-99

第6章

视频特效

视频特效就是对视频素材的再次处理，使画面达到制作要求，使用视频特效可以改变视频的画面效果。视频特效的综合运用，可以给观众带来更为有效的视觉冲击，达到更为绚丽的特殊画面效果。视频特效多应用于电视栏目包装、电影、游戏宣传等视频项目中。

在Adobe Premiere Pro CC中，将一些常用
的视频效果单独设立在预设文件夹中，以方
便使用。本章将分别讲解预设、视频效果和
Lumetri预设3个文件夹中的视频效果，如图6-1
所示。

图6-1

| 6.1 编辑视频特效

Adobe Premiere Pro CC中提
供了大量的视频效果，这些效
果的制作方法与思路和Adobe
Photoshop CC的效果类似，如
图6-2所示。Premiere Pro CC与
Photoshop CC都是Adobe公司
旗下的主流软件，所以功能及
操作很相似，这也促进了它们
兼容性的提升，但有所不同的
是，Photoshop CC是对图像进行
效果处理，而Premiere Pro CC主
要是对动态视频影像进行效果
化处理，一个素材是静态的，
一个素材是动态的。

图6-2

除了Premiere Pro CC自带
的视频特效之外，用户可添加
第三方插件，这些插件通常会
放置在Premiere Pro CC目录下的
Plug-ins里，如图6-3所示。用户
还可以创建特殊效果保存在【预
设】文件夹中以方便使用。

Legal	2014/3/26 星期...	文件夹	
MediaIO	2014/3/26 星期...	文件夹	
OBLRes	2014/3/26 星期...	文件夹	
Plug-ins	2014/3/26 星期...	文件夹	
PNG	2014/3/26 星期...	文件夹	
Presets	2014/3/26 星期...	文件夹	
PTX	2014/3/26 星期...	文件夹	
Required	2014/3/26 星期...	文件夹	

图6-3

6.1.1 添加视频效果

如果要对素材进行效果处理，就需要对其添加视频特效，常用的方法有两种，以添加【颜
色替换】效果为例进行说明。

方法一：拖曳到素材上

01 激活【效果】面板，单击【视频效果】文件夹旁的下拉箭头，展开文件夹，如图6-4所示。

02 单击【图像控制】文件夹下拉箭头，展开文件夹，如图6-5所示。

图6-4

图6-5

03 选中【颜色替换】效果，将其拖曳到需要的素材上，如图6-6所示。

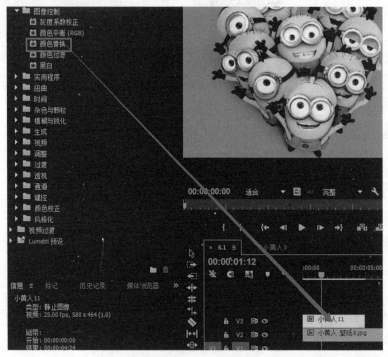

图6-6

方法二：拖曳到【效果控件】面板上

01 激活素材的【效果控件】面板。

02 激活【效果】面板，单击【视频效果】文件夹旁的下拉箭头，展开文件夹。

03 单击【图像控制】文件夹下拉箭头，展开文件夹。

04 选中【颜色替换】效果，将其拖曳到【效果控件】面板上，如图6-7所示。

图6-7

6.1.2 修改视频效果参数

添加视频效果后就要为其修改参数，以达到需要的效果。

方法一：直接修改数值。

方法二：在属性数值上按下鼠标左键滑动，以改变数值。

方法三：拖曳滑块改变数值，如图6-8所示。

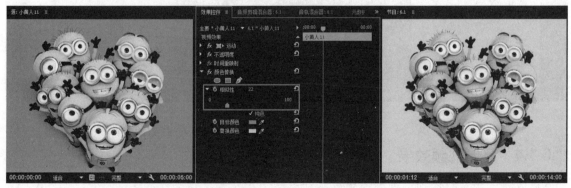

图6-8

6.1.3 视频效果参数动画

属性数值发生改变就可以产生动画效果。我们可以通过修改参数添加关键帧动画，使其产生更加丰富的变化效果，如图6-9所示。

01 将当前时间线移动到00:00:04:00位置，将【效果控件】面板下的【高斯模糊】效果属性数值调整为0，如图6-10所示。

02 将当前时间线移动到00:00:10:00位置，将【高斯模糊】效果属性数值调整为50，如图6-11所示。

03 按播放键查看变化效果，如图6-12所示。

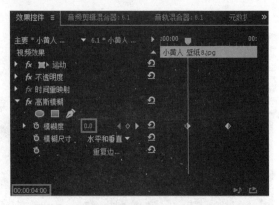

图6-10

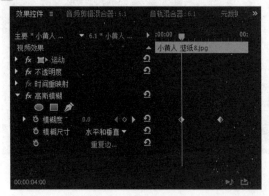

图6-9

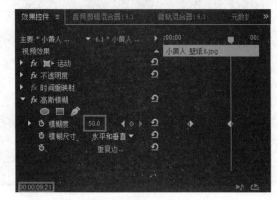

图6-11

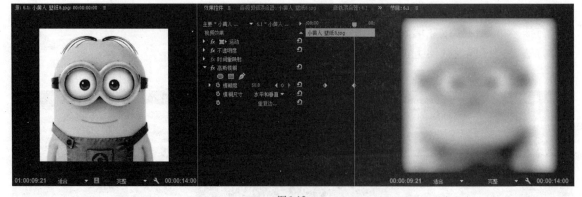

图6-12

6.1.4 复制视频效果

可以将一个素材添加的视频效果复制到另一个素材上，并且参数保持不变，如图6-13所示。也可以将视频效果继续复制到其本身上，添加多个相同的视频效果进行累加，如图6-14所示。

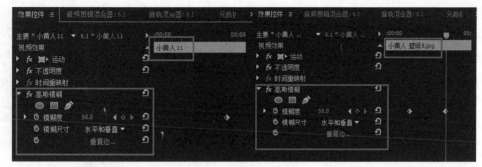

图6-13

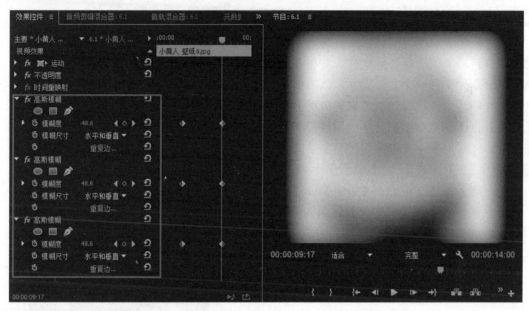

图6-14

6.1.5 搜索视频效果

Premiere Pro CC中的视频效果有很多,为了寻找起来方便,可以在搜索选项中直接查找需要的功能效果,如图6-15所示。

图6-15

6.1.6 效果按钮

使用效果按钮可以添加更为强大的功能和效果。在【效果】面板中的效果按钮有3种,分别是【加速效果】按钮、【32位颜色】按钮和【YUV效果】按钮,如图6-16所示。

☆ 加速效果:开启该效果按钮,可以在Adobe官方支持的显卡上该开启加速渲染功能,提高渲染速度。

☆ 32位颜色:开启该效果按钮,可以支持32位色深模式,使画面颜色效果更为丰富和细腻。

☆ ▦YUV效果：开启该效果按钮，可以支持YUV色彩模式，该模式主要用于优化色彩视频信号传输，解决黑白电视与彩色电视的兼容性问题。

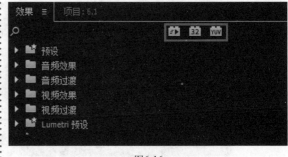

图6-16

6.1.7 视频效果文件夹

Adobe Premiere Pro CC提供了大量的视频效果，软件自带的效果就有几十种，并根据它们的类型分别分布在16个文件夹中，以方便用户合理快速地选择。这16个文件夹的分类分别是【变换】、【图像控制】、【实用程序】、【扭曲】、【时间】、【杂色与颗粒】、【模糊与锐化】、【生成】、【视频】、【调整】、【过渡】、【透视】、【通道】、【键控】、【颜色校正】和【风格化】，如图6-17所示。这些效果可使视频画面产生特殊的效果，以满足制作需求。

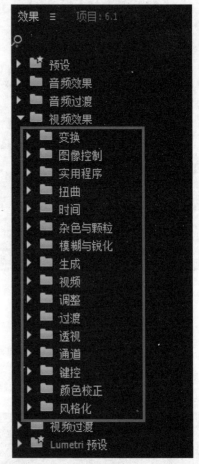

图6-17

6.2 变换类视频特效

变换视频特效可以使图像在虚拟的二维和三维空间中产生空间变化效果，可以使视频素材产生翻转、裁剪和滚动等效果。【变换】文件夹中包含4个视频效果，分别是【垂直翻转】、【水平翻转】、【羽化边缘】和【裁剪】，如图6-18所示。

图6-18

6.2.1　垂直翻转

　　【垂直翻转】特效可以使素材以中心为轴，垂直方向上下颠倒，进行180°翻转，如图6-19所示。

图6-19

6.2.2　水平翻转

　　【水平翻转】特效可以使素材以中心为轴，水平方向左右颠倒，进行180°翻转，如图6-20所示。

图6-20

6.2.3　羽化边缘

　　【羽化边缘】特效可以使素材的边缘周围产生柔化的效果，如图6-21所示。

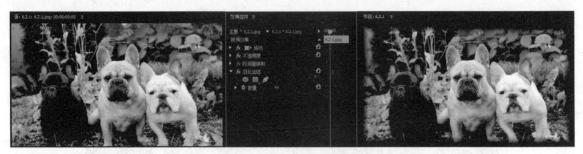

图6-21

▌6.2.4　裁剪

【裁剪】特效可以重新调整素材的尺寸大小，裁剪其边缘，如图6-22所示。设置该特效的属性参数，裁剪边缘大小。裁掉的部分将会显露出下层轨道上的素材或背景色。

图6-22

▍6.3　图像控制类视频特效　

图像控制类视频特效主要是对素材的颜色进行调整。【图像控制】文件夹中包含5个视频效果，分别是【灰度系数校正】、【颜色平衡(RGB)】、【颜色替换】、【颜色过滤】和【黑白】，如图6-23所示。

图6-23

▌6.3.1　灰度系数校正

【灰度系数校正】特效是在不改变素材高亮和低亮色彩区域的基础上，对素材中间亮度的灰色区域进行调整，使其偏亮或偏暗，如图6-24所示。

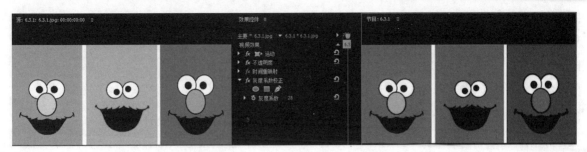

图6-24

6.3.2　颜色平衡(RGB)

【颜色平衡(RBG)】特效是根据RGB色彩原理，调整或者改变素材的色彩效果，如图6-25所示。

图6-25

6.3.3　颜色替换

在不改变素材明度的情况下，将一种色彩或一定区域内的色彩替换为其他颜色，如图6-26所示。

图6-26

6.3.4　颜色过滤

【颜色过滤】特效是在素材中没有选中的颜色区域逐渐调整为灰度模式，去掉其色相和纯度，如图6-27所示。

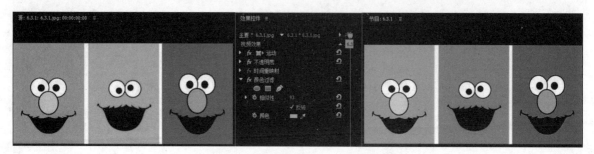

图6-27

6.3.5 黑白

【黑白】特效是将素材转换为没有色彩的灰度模式，如图6-28所示。

图6-28

6.4 实用程序类视频特效

实用程序类视频特效文件夹只有【Cineon转换器】效果，如图6-29所示。该效果是对Cineon文件中的颜色进行调整，如图6-30所示。

图6-29

图6-30

| 6.5 扭曲类视频效果

扭曲类视频效果主要是对素材进行几何形体的变形处理。【扭曲】文件夹中包含12个视频效果，分别是【位移】、【变形稳定器】、【变换】、【放大】、【旋转】、【果冻效应修复】、【波形变形】、【球面化】、【紊乱置换】、【边角定位】、【镜像】和【镜头扭曲】，如图6-31所示。

图6-31

6.5.1 位移

【位移】特效使素材在垂直和水平方向上偏移，而移出的图像会从另一侧显示出来，如图6-32所示。

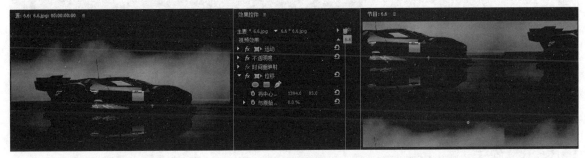

图6-32

6.5.2 变形稳定器

【变形稳定器】特效可消除因摄像机移动造成对素材的抖动，从而可将摇晃的手持素材转变为稳定、流畅的拍摄内容，如图6-33所示。

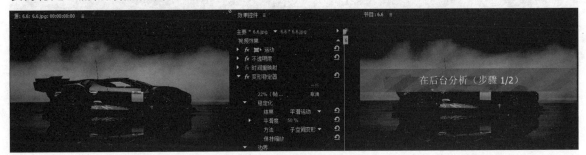

图6-33

6.5.3 变换

【变换】特效是对素材基本属性的调整，包括【位移】、【缩放】和【透明度】等属性的综合调整，如图6-34所示。

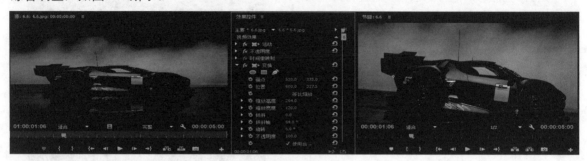

图6-34

6.5.4 放大

【放大】特效是使素材的整体或者指定区域产生放大的效果，如图6-35所示。

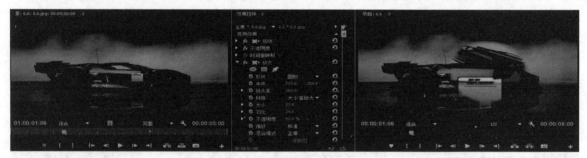

图6-35

6.5.5 旋转

【旋转】特效可以使素材产生扭曲旋转的效果，如图6-36所示。【角度】属性可以调节旋转角度的度数。

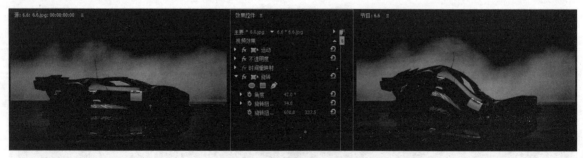

图6-36

6.5.6 果冻效应修复

【果冻效应修复】特效是设置素材的场序类型，从而得到需要的匹配效果，或者达到降低各种扫描视频素材的画面闪烁的效果，如图6-37所示。

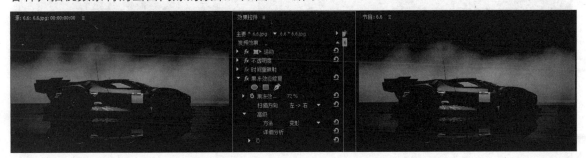

图6-37

6.5.7 波形变形

【波形变形】特效使素材产生波浪的效果，如图6-38所示。

※ 参数详解

☆ 波形类型：设置素材波纹的类型。

☆ 波形高度：设置素材波形垂直扭曲的距离与数量。

☆ 波形宽度：设置素材波形水平扭曲的长度与数量。

☆ 方向：调节水平和垂直扭曲的数量。

☆ 波形速度：设置素材波形的波长和速度。

☆ 固定：设置素材波形连续波纹的数量，也可选择不受影响的区域。

☆ 相位：设置素材波形循环的起点。

☆ 消除锯齿：设置素材产生波形效果后的平滑程度。

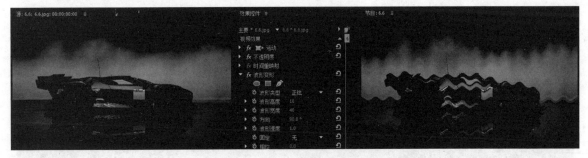

图6-38

6.5.8 球面化

【球面化】特效使素材产生球面变形的效果，如图6-39所示。

※ 参数详解

　　☆ 半径：设置素材球面化效果的程度，数值越大半径越大，球面化效果越强。

　　☆ 球面中心：设置素材球面化效果的中心点横纵坐标位置。

图6-39

6.5.9　紊乱置换

　　【紊乱置换】特效使素材产生不规则的噪波扭曲变形的效果，如图6-40所示。

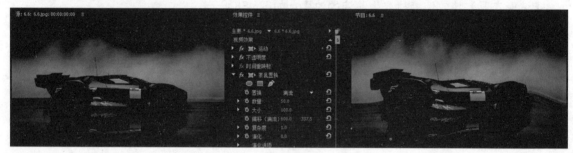

图6-40

6.5.10　边角定位

　　【边角定位】特效是设置素材"左上"、"左下"、"右上"和"右下"4个顶角坐标位置，从而使素材产生变形效果，如图6-41所示。

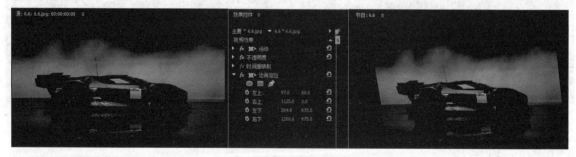

图6-41

6.5.11　镜像

　　【镜像】特效使素材沿指定坐标位置产生镜面反射的效果，如图6-42所示。

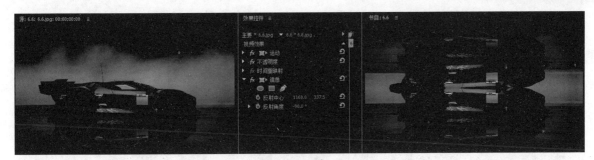

图6-42

6.5.12 镜头扭曲

【镜头扭曲】特效使素材模拟镜头失真，素材画面产生凹凸变形的扭曲效果，如图6-43所示。

※ 参数详解

☆ 曲率：设置素材弯曲的程度。

☆ 垂直偏移：设置素材垂直方向上的偏移程度。

☆ 水平偏移：设置素材水平方向上的偏移程度。

☆ 垂直棱镜效果：设置素材垂直方向上的扭曲程度。

☆ 水平棱镜效果：设置素材水平方向上的扭曲程度。

☆ 填充颜色：设置素材背景填充的颜色。

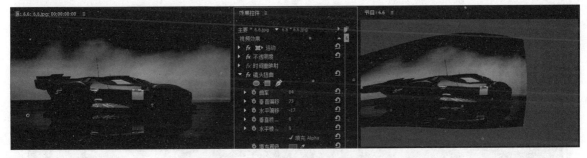

图6-43

6.6 时间类视频效果

时间类视频效果主要是对素材时间帧特性进行处理。【时间】文件夹中包含两个视频效果，分别是【抽帧时间】和【残影】，如图6-44所示。

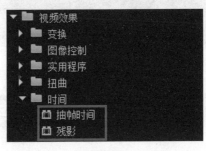

图6-44

▌6.6.1 抽帧时间

【抽帧时间】特效可设置素材的帧速率，产生跳帧播放的效果，如图6-45所示。

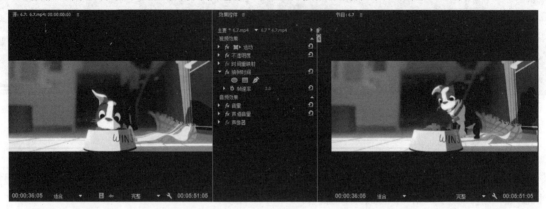

图6-45

▌6.6.2 残影

【残影】特效使素材的帧重复多次，产生快速运动的效果，如图6-46所示。

※ **参数详解**

☆ 残影时间：设置素材残影图像的时间间隔。

☆ 残影数量：设置素材残影图像的数量。

☆ 起始强度：设置素材图像第一帧的残影强度。

☆ 衰减：设置素材残影图像消散的程度。

☆ 残影运算符：设置素材残影消散的运算模式。

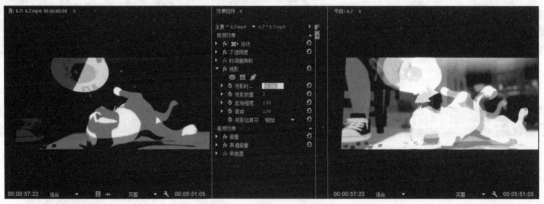

图6-46

6.7 杂色与颗粒类视频效果

杂色与颗粒类视频效果主要是对素材的杂波或噪点进行处理。【杂色与颗粒】文件夹中包含6个视频效果，分别是【中间值】、【杂色】、【杂色Alpha】、【杂色HLS】、【杂色HLS自动】和【蒙尘与划痕】，如图6-47所示。

图6-47

6.7.1 中间值

【中间值】特效是将素材中像素的RGB数值重新调整，取其周围颜色的平均值。这样可以去除素材中的杂色和噪点，使画面更柔和，如图6-48所示。

图6-48

6.7.2 杂色

【杂色】特效是为素材添加杂色颗粒，如图6-49所示。

※ **参数详解**

☆ 杂色数量：设置素材杂色的数量。

☆ 杂色类型：为素材添加彩色颗粒杂色。

☆ 剪切：设置素材杂色的上限。

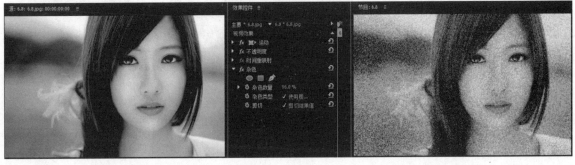

图6-49

6.7.3　杂色Alpha

【杂色Alpha】特效是对素材的Alpha通道产生影响，添加杂色，如图6-50所示。

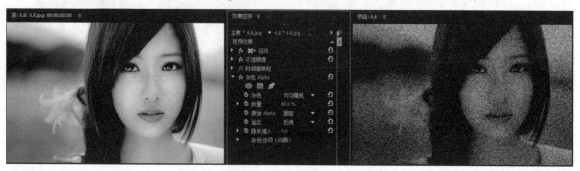

图6-50

6.7.4　杂色HLS

【杂色HLS】特效是对素材杂色的色相、亮度和饱和度进行设置，如图6-51所示。

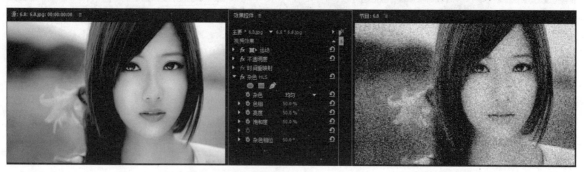

图6-51

6.7.5　杂色HLS自动

【杂色HLS自动】特效是对素材杂色的色相、亮度和饱和度进行设置，还可以控制杂色的运动速度，如图6-52所示。

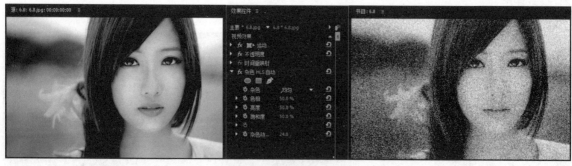

图6-52

6.7.6　蒙尘与划痕

【蒙尘与划痕】特效使素材产生类似灰尘或划痕的效果，如图6-53所示。

※ 参数详解

☆ 半径：设置素材中蒙尘与划痕杂色颗粒的半径。

☆ 阈值：设置素材中蒙尘与划痕杂色颗粒的色调容差值。

☆ 在Alpha通道上运算：将特效效果作用于Alpha通道。

图6-53

6.8　模糊与锐化类视频效果

模糊与锐化类视频效果主要是对素材进行画面图像模糊，或者使柔和的素材图像变得更加分明锐化。【模糊与锐化】文件夹中包含8个视频效果，分别是【复合模糊】、【快速模糊】、【方向模糊】、【相机模糊】、【通道模糊】、【钝化蒙版】、【锐化】和【高斯模糊】，如图6-54所示。

图6-54

6.8.1　复合模糊

【复合模糊】特效是使素材产生柔和模糊的效果，如图6-55所示。

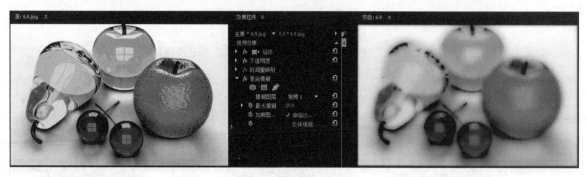

图6-55

6.8.2　快速模糊

【快速模糊】特效可以快速使素材产生定向模糊的效果，如图6-56所示。

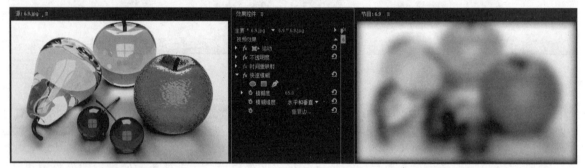

图6-56

6.8.3　方向模糊

【方向模糊】特效可使素材沿指定方向产生模糊效果，多用于模拟快速运动，如图6-57所示。

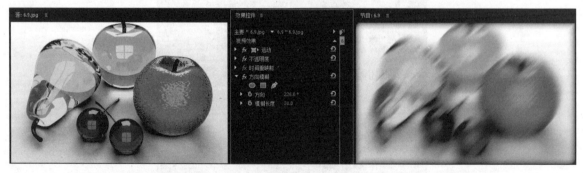

图6-57

6.8.4　相机模糊

【相机模糊】特效可以模拟素材在拍摄时虚焦的效果，如图6-58所示。

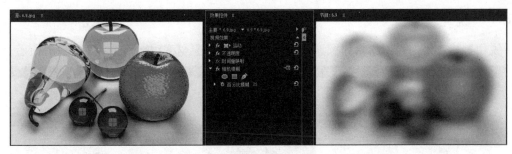

图6-58

6.8.5 通道模糊

【通道模糊】特效对素材的红色、绿色、蓝色或Alpha通道单独进行处理，产生特殊模糊效果，如图6-59所示。

※ 参数详解

☆ 红色模糊度：设置素材红色通道的模糊程度。

☆ 绿色模糊度：设置素材绿色通道的模糊程度。

☆ 蓝色模糊度：设置素材蓝色通道的模糊程度。

☆ Alpha模糊度：设置素材Alpha色通道的模糊程度。

☆ 边缘特性：设置素材是否边缘模糊。

☆ 模糊维度：设置素材模糊的方向，包括【水平和垂直】、【水平】和【垂直】3个选项。

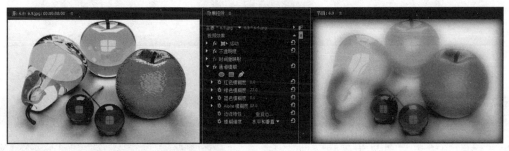

图6-59

6.8.6 钝化蒙版

【钝化蒙版】特效通过调整素材的色彩强度，加强画面细节，从而达到锐化的效果，如图6-60所示。

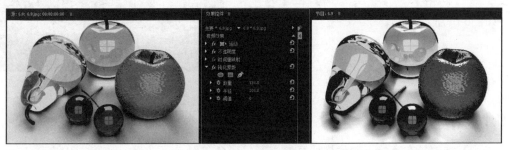

图6-60

6.8.7 锐化

【锐化】特效是加强素材相邻像素的对比度强度，使素材变得更清晰，如图6-61所示。

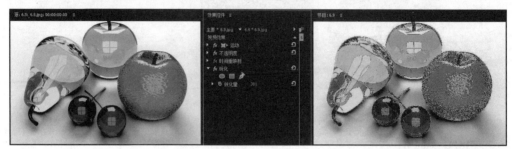

图6-61

6.8.8 高斯模糊

【高斯模糊】特效利用高斯曲线的方式，使素材产生不同程度的虚化效果，如图6-62所示。

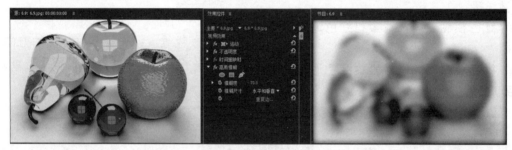

图6-62

6.9 生成类视频效果

生成类视频效果主要是为素材添加各种特殊图形效果样式。【生成】文件夹中包含12个视频效果，分别是【书写】、【单元格图案】、【吸管填充】、【四色渐变】、【圆形】、【棋盘】、【椭圆】、【油漆桶】、【渐变】、【网格】、【镜头光晕】和【闪电】，如图6-63所示。

图6-63

6.9.1 书写

【书写】特效是在素材上制作模拟画笔书写的彩色笔触动画效果，如图6-64所示。

图6-64

6.9.2 单元格图案

【单元格图案】特效是为素材单元格添加不规则的蜂巢状图案，多用于制作背景纹理，如图6-65所示。

※ 参数详解

☆ 单元格图案：设置特效单元格的蜂巢状图案样式。

☆ 反转：对蜂巢图案颜色间进行反转变化。

☆ 对比度：设置特效锐化对比强度。

☆ 溢出：设置蜂巢图案溢出部分的方式。

☆ 分散：设置蜂巢图案的分散程度。

☆ 大小：设置蜂巢图案的大小。

☆ 偏移：设置蜂巢图案的坐标位置。

☆ 平铺选项：设置蜂巢图案的水平与垂直单元格数量。

☆ 演化：设置蜂巢图案的运动角度。

☆ 演化选项：设置蜂巢图案的运动参数。

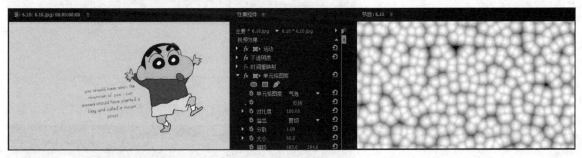

图6-65

6.9.3 吸管填充

【吸管填充】特效是提取素材中目标处的颜色，通过调整参数，从而影响素材画面效果，如图6-66所示。

图6-66

6.9.4 四色渐变

【四色渐变】特效是设置4种颜色，使其互相渐变，叠加与素材画面的效果，如图6-67所示。

※ **参数详解**

☆ 位置和颜色：设置特效的颜色坐标位置和颜色。

☆ 混合：设置特效四种颜色间的混合比例。

☆ 抖动：设置特效颜色变化比例。

☆ 不透明度：设置特效图层的不透明度。

☆ 混合模式：设置特效图层与素材的混合方式。

图6-67

6.9.5 圆形

【圆形】特效是在素材上添加一个圆形或圆环形的图形效果，如图6-68所示。

图6-68

6.9.6　棋盘

【棋盘】特效是在素材上添加一个矩形棋盘格的图形效果，如图6-69所示。

※ 参数详解

☆ 锚点：设置特效的坐标位置。

☆ 大小依据：设置棋盘格矩形的大小。其属性选项包括角点、宽度滑块以及宽度和高度滑块3个选项。

☆ 边角：设置棋盘格的边角位置和大小。

☆ 宽度：设置棋盘格的宽度。

☆ 高度：设置棋盘格的高度。

☆ 羽化：设置单位棋盘格之间的柔化程度。

☆ 不透明度：设置特效图层的不透明度。

☆ 混合模式：设置特效图层与素材的混合方式。

图6-69

6.9.7　椭圆

【椭圆】特效是在素材上添加一个圆形、圆环形、椭圆形或椭圆环形的图形效果，该特效比【圆形】特效功能更全面一些，如图6-70所示。

※ 参数详解

☆ 中心：设置添加图形的中心点位置坐标。

☆ 宽度：设置添加图形的宽度。

☆ 高度：设置添加图形的高度。

☆ 厚度：设置添加图形的厚度。

☆ 柔和度：设置添加图形的边缘柔化程度。

☆ 内部颜色：设置添加图形内侧边缘的颜色。

☆ 外部颜色：设置添加图形外侧边缘的颜色。

☆ 在原始图像上合成：可以与原始素材产生混合效果。

图6-70

6.9.8　油漆桶

【油漆桶】特效是为素材指定区域添加颜色的效果，如图6-71所示。

图6-71

6.9.9　渐变

【渐变】特效是为素材添加线性渐变或放射性渐变填充的效果，如图6-72所示。

图6-72

6.9.10　网格

【网格】特效是为素材添加网格的图形效果，如图6-73所示。

图6-73

6.9.11　镜头光晕

【镜头光晕】特效是模拟强光投射到镜头上而产生的光晕效果，如图6-74所示。

图6-74

6.9.12　闪电

【闪电】特效是模拟闪电的效果，如图6-75所示。

图6-75

| 6.10　视频类视频效果

视频类视频效果主要是模拟视频信号的电子变动，显示视频素材的部分属性。【视频】文件夹中包含两个视频效果，分别是【剪辑名称】和【时间码】，如图6-76所示。

图6-76

6.10.1　剪辑名称

【剪辑名称】特效为素材在【节目监视器】面板上显示素材剪辑名称，如图6-77所示。

图6-77

6.10.2 时间码

【时间码】特效为素材在【节目监视器】面板上显示时间码，如图6-78所示。

图6-78

6.11 调整类视频效果

调整类视频效果主要是对素材的颜色属性进行调整。【调整】文件夹中包含9个视频效果，分别是【ProcAmp】、【光照效果】、【卷积内核】、【提取】、【自动对比度】、【自动色阶】、【自动颜色】、【色阶】和【阴影/高光】，如图6-79所示。

图6-79

6.11.1 ProcAmp

【ProcAmp】(调色)特效是调整素材颜色属性的效果，如图6-80所示。

※ **参数详解**

☆ 亮度：设置素材的明亮程度。

☆ 对比度：设置素材的对比程度。

☆ 色相：设置素材的颜色倾向。

☆ 饱和度：设置素材的颜色纯度。

☆ 拆分屏幕：设置素材应用效果的部分。

☆ 拆分百分比：设置素材受影响的程度。

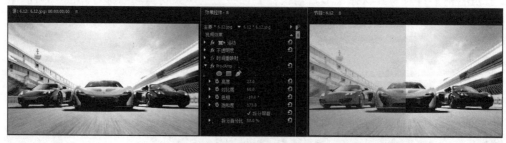

图6-80

6.11.2　光照效果

【光照效果】特效是为素材添加照明效果，如图6-81所示。

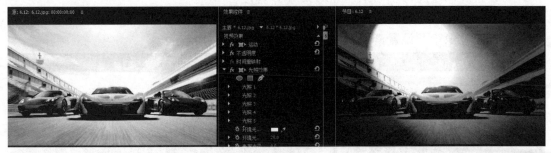

图6-81

6.11.3　卷积内核

【卷积内核】特效利用数学回转改变素材的亮度，可增加边缘的对比强度，如图6-82所示。

图6-82

6.11.4　提取

【提取】特效是去除素材颜色，使其转换成黑白的效果，如图6-83所示。

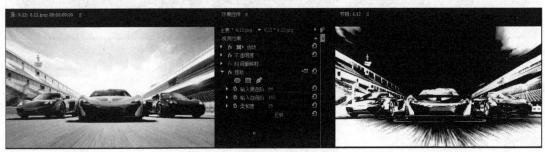

图6-83

6.11.5　自动对比度

【自动对比度】特效可以自动快速地校正素材颜色的对比度，如图6-84所示。

※ **参数详解**

　　☆ 瞬时平滑：设置素材的平滑时间。

　　☆ 场景检测：检测每个场景，并对其对比度进行调整。

　　☆ 减少黑色像素：设置素材暗部的明亮

程度。

　　☆ 减少白色像素：设置素材亮部的明亮程度。

　　☆ 与原始图像混合：设置素材间的混合程度。

图6-84

6.11.6　自动色阶

　　【自动色阶】特效可以自动快速地校正素材颜色的色阶明亮程度，如图6-85所示。

※ **参数详解**

　　☆ 瞬时平滑：设置素材的平滑时间。

　　☆ 场景检测：检测每个场景，并对其色阶进行调整。

　　☆ 减少黑色像素：设置素材暗部的明亮程度。

　　☆ 减少白色像素：设置素材亮部的明亮程度。

　　☆ 与原始图像混合：设置素材间的混合程度。

图6-85

6.11.7　自动颜色

　　【自动颜色】特效可以自动快速地校正素材的颜色，如图6-86所示。

※ **参数详解**

　　☆ 瞬时平滑：设置素材的平滑时间。

　　☆ 场景检测：检测每个场景，并对其色彩进行调整。

　　☆ 减少黑色像素：设置素材暗部的明亮程度。

　　☆ 减少白色像素：设置素材亮部的明亮程度。

　　☆ 对齐中性中间调：使素材颜色趋于中间色调。

☆　与原始图像混合：设置素材间的混合程度。

图6-86

6.11.8　色阶

【色阶】特效调整素材的色阶明亮程度，如图6-87所示。

图6-87

6.11.9　阴影/高光

【阴影/高光】特效使素材阴影变亮，高光变暗，调整素材的逆光问题，如图6-88所示。

图6-88

6.12　过渡类视频效果

过渡类视频效果主要是对素材的出现方式的动态调整，与【视频过渡】文件夹中的特效效果类似，但不同的是【视频效果】文件夹里的特效效果是对单个素材产生变化效果，而【视频过渡】文件夹中的特效效果是调整两个素材之间的变化效果。

从作用效果上说，【视频效果】文件夹里的特效效果是同一时间区域不同素材间的变化，而【视频过渡】文件夹中的特效效果是相邻时间区域不同素材间的变化。

【过渡】文件夹中包含5个视频效果，分别是【块溶解】、【径向擦除】、【渐变擦除】、【百叶窗】和【线性擦除】，如图6-89所示。

图6-89

6.12.1 块溶解

【块溶解】特效是使素材逐渐消失在随机像素块中的效果，如图6-90所示。

※ 参数详解

☆ 过渡完成：设置素材过渡像素块的百分比。

☆ 块宽度：设置素材过渡像素块的宽度。

☆ 块高度：设置素材过渡像素块的高度。

☆ 羽化：设置素材过渡像素块边缘的柔化程度。

☆ 柔化：使过渡像素块边缘更加的柔和。

图6-90

6.12.2 径向擦除

【径向擦除】特效是使素材以指定坐标点为中心，以圆形表盘指针旋转的方式逐渐将图像擦除的效果，如图6-91所示。

图6-91

※ 参数详解

☆ 过渡完成：设置素材过渡擦除的百分比。

☆ 起始角度：设置素材过渡擦除的起始角度。

☆ 擦除中心：设置素材过渡擦除的擦除中心点位置坐标。

☆ 擦除：设置素材过渡擦除的方向，如

图6-92所示。

☆ 羽化：设置素材过渡擦除的柔化程度。

图6-92

6.12.3　渐变擦除

【渐变擦除】特效使素材间的亮度值逐渐过渡，从而使素材产生变化效果，如图6-93所示。

图6-93

※ 参数详解

☆ 过渡完成：设置素材过渡擦除的百分比。

☆ 过渡柔和度：设置素材过渡擦除的边缘柔化程度。

☆ 渐变图层：设置素材过渡擦除的图层，包括【无】、【视频1】、【视频2】和【视频3】4个选项，如图6-94所示。

☆ 渐变放置：设置素材过渡擦除的方式，包括【平铺渐变】、【中心渐变】和【伸缩渐变以适合】3个选项，如图6-95所示。

☆ 反转渐变：设置素材间的反转渐变擦除效果。

图6-94　　　　　　　图6-95

6.12.4　百叶窗

【百叶窗】特效是模拟百叶窗的条纹形状，建立蒙版效果，逐渐显示下层素材影像的效果，如图6-96所示。

图6-96

6.12.5　线性擦除

【线性擦除】特效是通过线条滑动的方式擦除原始素材，逐渐显示下层素材影像的效果，如图6-97所示。

※ **参数详解**

☆ 过渡完成：设置素材过渡擦除的百分比。

☆ 擦除角度：设置素材过渡擦除的角度。

☆ 羽化：设置素材过渡擦除的柔化程度。

图6-97

6.13　透视类视频效果

透视类视频效果主要是对素材添加各种立体的透视效果。【透视】文件夹中包含5个视频效果，分别是【基本3D】、【投影】、【放射阴影】、【斜角边】和【斜面Alpha】，如图6-98所示。

图6-98

6.13.1 基本3D

【基本3D】特效是将素材模拟放置在三维空间中进行旋转和倾斜的三维变化效果，如图6-99所示。

※ 参数详解

☆ 旋转：设置素材效果的旋转角度。

☆ 倾斜：设置素材效果的倾斜角度。

☆ 与图像的距离：模拟三维空间距离，使素材产生近大远小的透视效果。

☆ 镜面高光：设置素材上的反射高光效果。

☆ 预览：勾选【绘制预览线框】选项，可以提高预览效果。

图6-99

6.13.2 投影

【投影】特效是为素材添加投影效果，如图6-100所示。

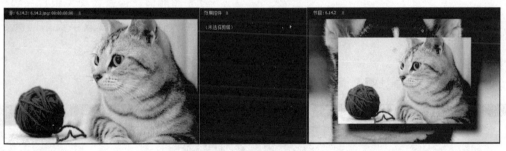

图6-100

6.13.3 放射阴影

【放射阴影】特效是为素材添加一个光源照明，使阴影投放在下层素材上的效果，如图6-101所示。

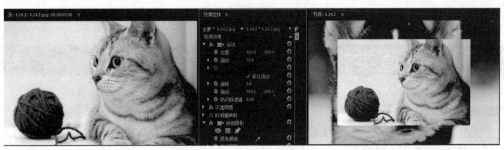

图6-101

6.13.4　斜角边

【斜角边】特效是为素材添加一个照明，使素材产生三维立体倾斜效果，如图6-102所示。

※ 参数详解

☆ 边缘厚度：设置效果立体化的边缘薄厚程度。

☆ 光照角度：设置效果投射灯光的角度。

☆ 光照颜色：设置效果投射灯光的颜色。

☆ 光照强度：设置效果投射灯光的强弱程度。

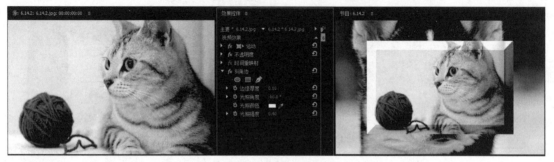

图6-102

6.13.5　斜面Alpha

【斜面Alpha】特效是为素材的Alpha通道添加倾斜，使二维图像更具有三维立体化效果，如图6-103所示。

※ 参数详解

☆ 边缘厚度：设置效果立体化的边缘薄厚程度。

☆ 光照角度：设置效果投射灯光的角度。

☆ 光照颜色：设置效果投射灯光的颜色。

☆ 光照强度：设置效果投射灯光的强弱程度。

图6-103

6.14　通道类视频效果

通道类视频效果主要是对素材的通道进行处理，从而调整素材颜色的效果。【通道】文件夹中包含7个视频效果，分别是【反转】、【复合运算】、【混合】、【算术】、【纯色合成】、【计算】和【设置遮罩】，如图6-104所示。

图6-104

6.14.1 反转

【反转】特效可以反转素材的颜色值，使素材颜色以各自补色的形式显示效果，如图6-105所示。

图6-105

6.14.2 复合运算

【复合运算】特效可以通过数学计算的方式使素材添加组合效果，如图6-106所示。

图6-106

6.14.3 混合

【混合】特效是指定素材轨道间的混合效果，如图6-107所示。

※ 参数详解

☆ 与图层混合：设置要混合的第二个素材。

☆ 模式：设置素材间的混合计算方式，包括【交叉淡化】、【仅颜色】、【仅色彩】、【仅变暗】和【仅变亮】5种方式，如图6-108所示。

☆ 与原始图层混合：设置与原始图层素材混合的透明度。

☆ 如果图层大小不同：设置不同大小素材间的混合方式，包括【居中】和【伸展以适配】两种方式，如图6-109所示。

图6-107

图6-108

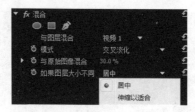

图6-109

6.14.4 算术

【算术】特效对素材色彩通道进行数学计算后得到添加效果，如图6-110所示。

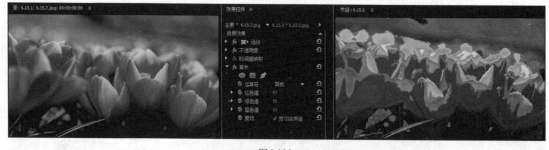

图6-110

※ **参数详解**

☆ 运算符：设置效果混合运算的算术方式，包括【与】、【或】、【异或】、【相加】、【相减】、【差值】、【最小值】、【最大值】、【上界】、【下界】、【限制】、【相乘】和【滤色】几种方式，如图6-111所示。

☆ 红色值：设置红色通道的混合程度。

☆ 绿色值：设置绿色通道的混合程度。

☆ 蓝色值：设置蓝色通道的混合程度。

☆ 剪切：裁剪多余的混合信息。

图6-111

6.14.5　纯色合成

【纯色合成】特效是使一种颜色以不同的混合模式覆盖到素材上，如图6-112所示。

图6-112

6.14.6　计算

【计算】特效可以设置不同轨道上素材的混合模式，如图6-113所示。

※ **参数详解**

☆ 输入通道：设置混合操作的通道，包括【RGBA】、【灰色】、【红色】、【绿色】、【蓝色】和【Alpha】6种方式，如图6-114所示。

☆ 反转输入：反转剪辑之前提取指定通道的效果信息。

☆ 第二个源：选择计算的素材轨道。

☆ 第二个图层通道：选择混合的图层通道。

☆ 第二个图层不透明度：设置第二个素材轨道的透明度。

☆ 反转第二个图层：反转指定的素材图层。

☆ 伸展第二个图层以适应：自动设置第二个素材大小以适应原素材。

☆ 混合模式：设置素材图层之间的混合模式，如图6-115所示。

☆ 保持透明度：保持原素材图层的透明度。

图6-113

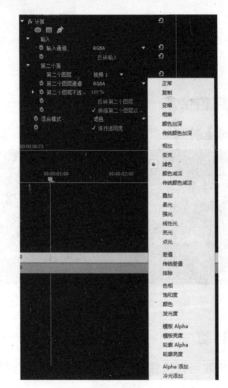

图6-114　　　　　　　　　　　　　图6-115

6.14.7　设置遮罩

【设置遮罩】特效可以组合两个素材，添加移动蒙版效果，如图6-116所示。

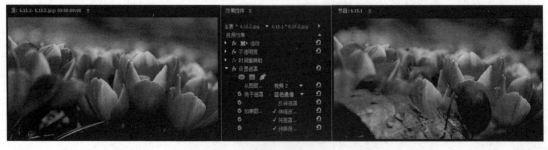

图6-116

6.15 键控类视频效果

键控类视频效果主要是对素材进行抠像处理。【键控】文件夹中包含9个视频效果，分别是【Alpha调整】、【亮度键】、【图像遮罩键】、【差值遮罩】、【移除遮罩】、【超级键】、【轨道遮罩键】、【非红色键】和【颜色键】，如图6-117所示。

图6-117

6.15.1 Alpha调整

【Alpha调整】特效可以利用素材的Alpha通道，对其抠像，如图6-118所示。

※ 参数详解

☆ 不透明度：设置素材的不透明度。

☆ 忽略Alpha：勾选选项，可以忽略素材的Alpha通道。

☆ 反转Alpha：勾选选项，可以反转素材的Alpha通道。

☆ 仅蒙版：勾选选项，可以只显示Alpha通道的蒙版。

图6-118

6.15.2 亮度键

【亮度键】特效可以抠取素材中明度较暗的区域，如图6-119所示。

※ 参数详解

☆ 阈值：设置抠取素材中明度较暗区域的容差值。

☆ 屏蔽度：设置素材的屏蔽程度。

图6-119

6.15.3 图像遮罩键

【图像遮罩键】特效可以设置素材为蒙版，控制叠加的透明效果，如图6-120所示。

图6-120

※ 参数详解

☆ 合成使用：设置素材合成的遮罩方式，包括【Alpha遮罩】和【亮度遮罩】两个选项，如图6-121所示。

☆ 反向：勾选选项，可以反转遮罩方向。

图6-121

6.15.4 差值遮罩

【差值遮罩】特效可以去除两个素材中相匹配的区域，如图6-122所示。

图6-122

※ 参数详解

☆ 视图：设置视图预览方式，包括【最终输出】、【仅限源】和【仅限遮罩】3种方式，如图6-123所示。

☆ 差值图层：设置与当前素材产生差值的轨道图层。

☆ 如果图层大小不同：设置不同大小素材间的混合方式。

☆ 匹配容差：设置素材间差值的容差百分比。

☆ 匹配柔和度：设置素材间差值的柔和程度。

☆ 差值前模糊：设置素材间差值的模糊程度。

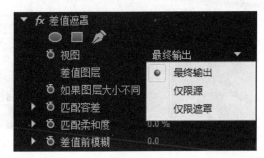

图6-123

6.15.5　移除遮罩

【移除遮罩】特效可以利用素材的红色、绿色、蓝色通道或Alpha通道，对其抠像，如图6-124所示。该特效在抠取素材白色或黑色部分效果明显。

图6-124

※ 参数详解

☆ 遮罩类型：设置遮罩的类型，包括【白色】和【黑色】两种，如图6-125所示。

图6-125

6.15.6　超级键

【超级键】特效可以抠取素材中的某个颜色或相似颜色区域，如图6-126所示。

※ 参数详解

☆ 输出：设置素材的输出类型，包括【合成】、【Alpha通道】和【颜色通道】3种方式，如图6-127所示。

☆ 设置：设置抠取素材的类型，包括【默认】、【弱效】、【强效】和【自定义】4种方式，如图6-128所示。

☆ 主要颜色：设置抠取素材的颜色值。

☆ 遮罩生成：设置遮罩产生的属性，包括【透明度】、【高光】、【阴影】、【容差】和【基值】5种方式，如图6-129所示。

☆ 遮罩清除：设置抑制遮罩的属性，包括【抑制】、【柔化】、【对比度】和【中间点】4种方式，如图6-130所示。

☆ 溢出抑制：设置对溢出色彩抑制的属性，包括【降低饱和度】、【范围】、【溢出】和【亮度】4种方式，如图6-131所示。

☆ 颜色校正：调整素材的色彩，包括【饱和度】、【色相】和【明亮度】3种方式，如图6-132所示。

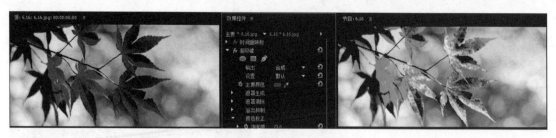

图6-126

图6-127

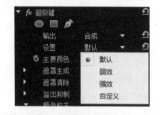

图6-128

图6-129

图6-130

图6-131

图6-132

6.15.7 轨道遮罩键

【轨道遮罩键】特效可以设置某个轨道素材为蒙版，一般多用于动态抠取素材效果，如图6-133所示。

图6-133

※ **参数详解**

☆ 遮罩：设置遮罩素材的轨道图层。

☆ 合成方式：设置素材合成的遮罩方式，包括【Alpha遮罩】和【亮度遮罩】两个选项，如图6-134所示。

☆ 反向：勾选选项，可以反转遮罩方向。

图6-134

6.15.8 非红色键

【非红色键】特效可以同时去除素材中的蓝色和绿色背景，如图6-135所示。

图6-135

※ 参数详解

☆ 阈值：设置抠取素材色值的容差度。

☆ 屏蔽度：调整素材细微抠取素材效果。

☆ 去边：设置前景去除颜色的方式，包括【无】、【蓝色】和【绿色】3个选项，如图6-136所示。

☆ 平滑：设置抠取素材边缘的平滑程度。

☆ 仅蒙版：勾选选项，可以只显示Alpha通道的蒙版。

图6-136

6.15.9 颜色键

【颜色键】特效可以抠取素材中特定的某个颜色或某个颜色区域，与【色度键】特效类似，如图6-137所示。

※ 参数详解

☆ 主要颜色：设置抠取素材的颜色值。

☆ 颜色容差：设置抠取素材颜色的容差程度。

☆ 边缘细化：设置抠取素材边缘的细化程度，其数值越小，边缘越粗糙。

☆ 羽化边缘：设置抠取素材边缘的柔化程度，其数值越大，边缘越柔和。

图6-137

| 6.16 颜色校正类视频效果

颜色校正类视频效果主要是对素材颜色的校正调节。【颜色校正】文件夹中包含17个视频效果，分别是【Lumetri Color】、【RGB曲线】、【RGB颜色校正器】、【三向颜色校正器】、【亮度与对比度】、【亮度曲线】、【亮度校正器】、【分色】、【均衡】、【快速颜色校正器】、【更改为颜色】、【更改颜色】、【视频限幅器】、【通道混合器】、【颜色平衡】和【颜色平衡(HLS)】，如图6-138所示。

图6-138

6.16.1 Lumetri Color

【Lumetri Color】特效是链接外部Lumetri Looks颜色分级引擎，对图像颜色进行校正的效果，如图6-139所示。

图6-139

6.16.2 RGB曲线

【RGB曲线】特效是通过调整素材的红色、绿色、蓝色通道和主通道的数值曲线来调整RGB色彩值的效果，如图6-140所示。

图6-140

※ 参数详解

☆ 输出：设置素材输出的方式。

☆ 显示拆分视图：设置视图中的素材被分割校正前后的两种显示效果。

☆ 布局：设置分割视图的方式。

☆ 拆分视图百分比：调整显示视图的百分比。

☆ 主要：调整所有通道的亮度和对比度。

☆ 红/绿/蓝：调整红色、绿色、蓝色通道的亮度和对比度。

☆ 辅助色彩校正：辅助校正素材颜色的【色相】、【饱和度】、【亮度】和【柔和度】等属性，如图6-141所示。

☆ 中央：设置颜色校正的范围中心。

☆ 色调、饱和度、亮度：设置素材颜色的色调、饱和度、亮度。

☆ 结尾柔和度：设置特效的柔化程度。

☆ 边缘细化：对颜色边缘进行锐化，使色彩边缘更清晰。

☆ 反转：选择反转校正后的颜色范围和反转遮罩，如图6-142所示。

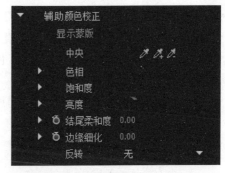

图6-141

图6-142

6.16.3　RGB颜色校正器

【RGB颜色校正器】特效是通过调整素材RGB参数来调整颜色和亮度的效果，如图6-143所示。

图6-143

※ **参数详解**

☆ 输出：设置素材输出的方式。

☆ 显示拆分视图：设置视图中的素材被分割校正前后的两种显示效果。

☆ 布局：设置分割视图的方式。

☆ 拆分视图百分比：调整显示视图的百分比。

☆ 色调范围：设置素材色调的范围，包括【主】、【高光】、【中间调】和【阴影】4种方式，如图6-144所示。

☆ 灰度系数：设置素材中间色调的倍增值。

☆ 基值：设置素材暗部色调的倍增值。

☆ 增益：设置素材亮部色调的倍增值。

☆ RGB：设置素材红色、绿色和蓝色通道属性，从而进行色调调整。

☆ 辅助颜色校正：调整辅助颜色的属性数值。

☆ 中央：设置颜色校正的范围中心。

☆ 色调、饱和度、亮度：设置素材颜色的色调、饱和度、亮度。

☆ 柔化：设置特效的柔化程度。

☆ 结尾柔和度：对颜色边缘进行锐化，使色彩边缘更清晰。

☆ 反转：选择反转校正后的颜色范围和反转遮罩。

图6-144

6.16.4　三向颜色校正器

【三向颜色校正器】特效是通过调整素材阴影、中间调和高光来调整颜色的效果，如图6-145所示。

图6-145

※ **参数详解**

☆ 输出：设置素材输出的方式。

☆ 拆分视图：设置视图中的素材被分割校正前后的两种显示效果。

☆ 拆分视图百分比：调整显示视图的百分比。

☆ 输入/输出色阶：设置素材的色阶。

☆ 色调范围定义：定义使用衰减控制阈值和阈值的暗部和亮部色调范围。

☆ 饱和度：设置素材的颜色纯度。

☆ 辅助色彩校正：辅助校正素材颜色的【色相】、【饱和度】、【亮度】和【柔和度】属性。

☆ 自动色阶：自动设置素材颜色的色阶。

☆ 阴影/中间色调/高光：设置素材暗部色调/中间色调/亮部色调的【色相角度】、【平衡数量】、【增益】和【平衡角度】属性。

☆ 主要：设置素材主色调的【色相角度】、【平衡数量】、【增益】和【平衡角度】属性。

☆ 主色阶：设置素材的输入与输出的黑灰白色阶。

6.16.5 亮度与对比度

【亮度与对比度】特效是调整素材亮度和对比度的效果，如图6-146所示。

※ 参数详解

☆ 亮度：调整素材的明亮程度。

☆ 对比度：调整素材的对比程度。

图6-146

6.16.6 亮度曲线

【亮度曲线】特效是通过【亮度波形】曲线来调整素材亮度值的效果，如图6-147所示。

※ 参数详解

☆ 输出：设置素材输出的方式。

☆ 显示拆分视图：设置视图中的素材被分割校正前后的两种显示效果。

☆ 布局：设置分割视图的方式。

☆ 拆分视图百分比：调整显示视图的百分比。

☆ 亮度波形：通过改变曲线形状，设置

素材的亮度和对比度。

☆ 辅助色彩校正：辅助校正素材颜色的【色相】、【饱和度】、【亮度】和【柔和度】属性。

☆ 中心：设置颜色校正的范围中心。

☆ 色相、饱和度、亮度：设置素材颜色的色调、饱和度、亮度。

☆ 柔化：设置特效的柔化程度。

☆ 边缘细化：对颜色边缘进行锐化，使色彩边缘更清晰。

☆ 反转：选择反转校正后的颜色范围和反转遮罩。

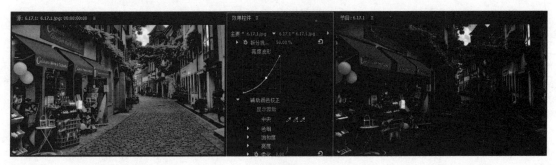

图6-147

6.16.7 亮度校正器

【亮度校正器】特效是调整素材亮度值的效果，如图6-148所示。

※ **参数详解**

☆ 输出：设置素材输出的方式。

☆ 显示拆分视图：设置视图中的素材被分割校正前后的两种显示效果。

☆ 布局：设置分割视图的方式。

☆ 拆分视图百分比：调整显示视图的百分比。

☆ 色调范围：设置素材色调的范围。

☆ 亮度：调整素材的明亮程度。

☆ 对比度：调整素材的对比程度。

☆ 对比度级别：设置素材的对比级别。

☆ 灰度系数：设置素材中间色调的倍增值。

☆ 基值：设置素材暗部色调的倍增值。

☆ 增益：设置素材亮部色调的倍增值。

☆ 辅助色彩校正：辅助校正素材颜色的色相、饱和度和亮度等属性。

☆ 中心：设置颜色校正的范围中心。

☆ 色相、饱和度、亮度：设置素材颜色的色调、饱和度、亮度。

☆ 柔化：设置特效的柔化程度。

☆ 边缘变薄：对颜色边缘进行锐化，使色彩边缘更清晰。

☆ 反转：选择反转校正后的颜色范围和反转遮罩。

图6-148

6.16.8 分色

【分色】特效可以保留一种指定的颜色，其他颜色转化为灰度色的效果，如图6-149所示。

※ **参数详解**

☆ 脱色量：设置素材颜色的脱色程度。

☆ 要保留的颜色：设置素材要保留的色彩。

☆ 容差：设置素材的容差程度。

☆ 边缘柔和度：设置素材边缘的柔化程度。

☆ 匹配颜色：用来设置素材颜色的匹配。

图6-149

6.16.9　均衡

【均衡】特效是对素材颜色属性均衡化处理的效果，如图6-150所示。

图6-150

※ **参数详解**

　　☆ 均衡：设置颜色校正的模式，包括【RGB】、【亮度】和【Photoshop样式】3种方式，如图6-151所示。

　　☆ 均衡量：设置颜色平衡的影响程度。

图6-151

6.16.10　快速颜色校正器

【快速颜色校正器】特效可以快速校正素材的颜色，如图6-152所示。

※ **参数详解**

　　☆ 输出：设置素材输出的方式。

　　☆ 显示拆分视图：设置视图中的素材被分割校正前后的两种显示效果。

　　☆ 布局：设置分割视图的方式。

　　☆ 拆分视图百分比：调整显示视图的百分比。

　　☆ 白平衡：选择颜色设置素材高光色调的平衡。

　　☆ 色相平衡和角度：通过设置调色盘来调整素材的色相、平衡、数值和角度。也可以通过【色相角度】、【平衡增益】和【平衡角度】参数来调整。

　　☆ 色相角度：调整素材色相旋转角度。

　　☆ 平衡数量级：控制素材颜色平衡校正的数量。

Pr **Premiere Pro CC影视编辑技术教程（第二版）**

☆ 平衡增益：设置素材色调的倍增强度。

☆ 平衡角度：设置素材色调指针在调色盘上的位置角度。

☆ 饱和度：设置素材的颜色纯度。

☆ 自动黑色阶：自动设置素材颜色的黑色阶。

☆ 自动对比度：自动设置素材颜色的对比度。

☆ 自动白色阶：自动设置素材颜色的白色阶。

☆ 黑色阶、灰色阶、白色阶：设置素材黑白灰程度，控制素材暗部、中间灰部和亮部的颜色。

☆ 输入色阶：调整素材的输入色阶范围。

☆ 输出色阶：调整素材的输出色阶范围。

☆ 输入黑、灰、白色阶：调整素材输入黑、灰、白的平衡值。

☆ 输出黑、灰白色阶：调整素材输出黑、灰、白的平衡值。

图6-152

6.16.11 更改为颜色

【更改为颜色】特效是将素材中的一种颜色替换为另一种颜色的效果，如图6-153所示。

图6-153

※ **参数详解**

☆ 自：设置素材中需要更改的颜色。

☆ 至：设置更改后的目标颜色。

☆ 更改：设置素材需要更改的颜色属性，包括【色相】、【色相和亮度】、【色相和饱和度】和【色相、亮度和饱和度】4种方式，如图6-154所示。

180

☆ 更改方式：设置替换素材颜色的方式，包括【设置为颜色】和【变换为颜色】两种方式，如图6-155所示。

☆ 容差：设置颜色的容差程度。

☆ 柔和度：设置替换颜色后的柔和程度。

☆ 查看校正遮罩：可以查看替换颜色的蒙版信息。

图6-154

图6-155

6.16.12　更改颜色

【更改颜色】特效是更改素材中选定颜色的色相、饱和度、亮度等常规颜色属性的效果，如图6-156所示。

图6-156

※ 参数详解

☆ 视图：设置视图预览方式，包括【校正的图层】和【颜色校正蒙版】两种方式，如图6-157所示。

图6-157

☆ 色相变换：调整素材的色相。

☆ 亮度变换：调整素材的明度。

☆ 饱和度变换：调整素材的饱和度。

☆ 要更改的颜色：设置要调整的颜色。

☆ 匹配容差：设置素材颜色的差值范围。

☆ 匹配柔和度：设置素材颜色的柔和程度。

☆ 匹配颜色：设置使用素材颜色的属性范围，包括【使用RGB】、【使用色相】和【使用色度】3种方式，如图6-158所示。

图6-158

☆ 反转色彩校正蒙版：可以反转素材当前的颜色。

6.16.13　色彩

【色彩】特效是将素材中黑白颜色映射为其他颜色的效果，如图6-159所示。

※ **参数详解**

☆ 将黑色映射到：设置素材暗部的着色颜色。

☆ 将白色映射到：设置素材亮部的着色颜色。

☆ 着色量：设置素材的着色程度。

图6-159

6.16.14　视频限幅器

【视频限幅器】特效是为素材颜色限定范围，防止色彩溢出的效果，如图6-160所示。

图6-160

※ **参数详解**

☆ 显示拆分视图：设置视图中的素材被分割校正前后的两种显示效果。

☆ 布局：设置分割视图的方式。

☆ 拆分视图百分比：调整显示视图的百分比。

☆ 缩小轴：设置素材颜色限定范围，包括【亮度】、【色度】、【色度和亮度】和【智能限制】4种方式，如图6-161所示。

☆ 信号最小值：指定视频的最小信号。

☆ 信号最大值：指定视频的最大信号。

☆ 缩小方式：控制素材亮度和色度的幅度，包括【高光压缩】、【中间调压缩】、【阴影压缩】、【高光和阴影压缩】和【压缩全部】5种方式，如图6-162所示。

☆ 色调范围定义：定义使用衰减控制阈值和阈值的暗部和亮部色调范围。

☆ 阴影阈值：设置素材的阴影阈值程度。

☆ 阴影柔和度：设置素材的阴影柔和程度。

☆ 高光阈值：设置素材的高光阈值程度。

☆ 高光柔和度：设置素材的高光柔和程度。

图6-161

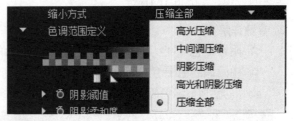

图6-162

6.16.15 通道混合器

【通道混合器】特效是通过调整素材通道参数，从而调整素材颜色的效果，如图6-163所示。

※ 参数详解

☆ 红色-红色：设置素材红色通道与红色通道的混合数值。

☆ 红色-绿色：设置素材红色通道与绿色通道的混合数值。

☆ 红色-蓝色：设置素材红色通道与蓝色通道的混合数值。

☆ 红色-衡量：保留素材红色通道，其余两个通道相混合。

☆ 绿色-红色：设置素材绿色通道与红色通道的混合数值。

☆ 绿色-绿色：设置素材绿色通道与绿色通道的混合数值。

☆ 绿色-蓝色：设置素材绿色通道与蓝色通道的混合数值。

☆ 绿色-衡量：保留素材绿色通道，其余两个通道相混合。

☆ 蓝色-红色：设置素材蓝色通道与红色通道的混合数值。

☆ 蓝色-绿色：设置素材蓝色通道与绿色通道的混合数值。

☆ 蓝色-蓝色：设置素材蓝色通道与蓝色通道的混合数值。

☆ 蓝色-衡量：保留素材蓝色通道，其余两个通道相混合。

☆ 单色：可以将素材转变为黑白效果。

图6-163

6.16.16　颜色平衡

　　【颜色平衡】特效是通过调整素材的阴影、中间调和高光区域属性，从而使素材颜色达到平衡的效果，如图6-164所示。

※ 参数详解

　　☆ 阴影红色/绿色/蓝色平衡：调整素材阴影的红色、绿色和蓝色通道的色彩平衡。

　　☆ 中间调红色/绿色/蓝色平衡：调整素材中间色调的红色、绿色和蓝色通道的色彩平衡。

　　☆ 高光红色/绿色/蓝色平衡：调整素材高光区域的红色、绿色和蓝色通道的色彩平衡。

图6-164

6.16.17　颜色平衡(HLS)

　　【颜色平衡(HLS)】特效是通过调整素材的色相、亮度、饱和度属性，从而使素材颜色达到平衡的效果，如图6-165所示。

※ 参数详解

　　☆ 色相：调整素材的色彩属性。

　　☆ 亮度：调整素材的明亮程度。

　　☆ 饱和度：调整素材颜色的纯度。

图6-165

6.17　风格化视频效果

　　风格化类视频效果主要是对素材进行艺术化处理的效果。【风格化】文件夹中包含13个视频效果，分别是【Alpha发光】、【复制】、【彩色浮雕】、【抽帧】、【曝光过度】、【查找边缘】、【浮雕】、【画笔描边】、【粗糙边缘】、【纹理化】、【闪光灯】、【阈值】和【马赛克】，如图6-166所示。

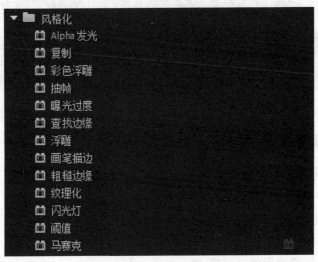

图6-166

6.17.1　Alpha发光

【Alpha发光】特效使素材Alpha通道边缘产生发光效果，如图6-167所示。

※ **参数详解**

☆ 发光：设置素材发光的大小。

☆ 亮度：设置素材发光明亮的程度。

☆ 起始颜色：设置素材发光开始的颜色。

☆ 结束颜色：设置素材发光结束的颜色。

☆ 淡出：勾选选项，产生发光颜色逐渐衰减的平滑过渡效果。

图6-167

6.17.2　复制

【复制】特效可以在画面中创建多个图像副本，如图6-168所示。

图6-168

6.17.3　彩色浮雕

【彩色浮雕】特效是使素材在不去除颜色的基础上产生立体浮雕效果，如图6-169所示。

※ **参数详解**

　　☆ 方向：设置浮雕效果的方向。

　　☆ 起伏：设置浮雕效果的尺寸大小。

　　☆ 对比度：设置浮雕效果的对比度。

　　☆ 与原始图像混合：设置与原始素材的混合程度。

图6-169

6.17.4　抽帧

【抽帧】特效是通过改变素材的颜色层次，从而调整素材的颜色效果，如图6-170所示。

图6-170

6.17.5　曝光过度

【曝光过度】特效是模拟相机曝光过度的效果，如图6-171所示。

图6-171

6.17.6　查找边缘

【查找边缘】特效是利用线条效果将素材对比高的区域勾勒出来，如图6-172所示。

图6-172

6.17.7　浮雕

【浮雕】特效是使素材产生立体浮雕效果，如图6-173所示。

图6-173

6.17.8　画笔描边

【画笔描边】特效是使素材模拟出笔触绘画的效果，如图6-174所示。

图6-174

※ **参数详解**

☆ 描边角度：设置画笔描边的角度。

☆ 画笔大小：设置画笔尺寸的大小。

☆ 描边长度：设置每个描边笔触的长度大小。

☆ 描边浓度：设置描边的密度。

☆ 描边浓度：设置描边笔触的随机性。

☆ 绘画表面：设置笔触与画面的位置和绘画的进行方式，包括【在原始图像上绘画】、【在透明背景上绘画】、【在白色上绘画】和【在黑色上绘画】4种方式，如图6-175所示。

☆ 与原始图像混合：设置与原始素材的混合程度。

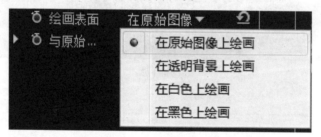

图6-175

6.17.9　粗糙边缘

【粗糙边缘】特效是使素材边缘变得粗糙，如图6-176所示。

图6-176

6.17.10 纹理化

【纹理化】特效是在当前图层中创建指定图层的浮雕纹理的效果，如图6-177所示。

图6-177

6.17.11 闪光灯

【闪光灯】特效是在素材中创建有规律时间间隔的闪光灯效果，如图6-178所示。

图6-178

6.17.12 阈值

【阈值】特效可以调整素材为黑白效果，如图6-179所示。

图6-179

6.17.13 马赛克

【马赛克】特效可以调整素材为马赛克效果，如图6-180所示。

图6-180

6.18 预设文件夹

【预设】文件夹是将一些常用的设置好的视频效果添加到此文件夹中，以方便用户查找使用。【预设】文件夹中的视频效果可自带动画效果，这样可以提高制作效率。【预设】文件夹
又按照视频效果的用途和风格等方式，细化分为8个文件夹，分别是【卷积内核】、【去除镜头扭曲】、【扭曲】、【斜角边】、【模糊】、【画中画】、【过度曝光】和【马赛克】文件夹，如图6-181所示。

图6-181

6.18.1 卷积内核文件夹

【卷积内核】文件夹里的特效效果就是利用数学回转改变素材的亮度，可增加边缘的对比强度。【卷积内核】文件夹里包括10个视频效果，如图6-182所示。【卷积内核】文件夹中的【卷积内核浮雕】效果如图6-183所示。

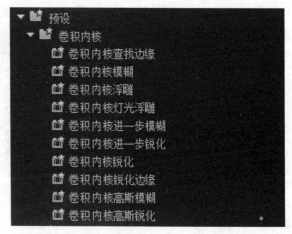

图6-182

图6-183

6.18.2　去除镜头扭曲文件夹

　　【去除镜头扭曲】文件夹里的特效效果就是使素材模拟镜头失真，素材画面产生凹凸变形的扭曲效果。【去除镜头扭曲】文件夹里包括两个层级的子文件夹，提供了多种不同样式的效果，如图6-184所示。【去除镜头扭曲】文件夹中的【镜头扭曲(1080)】效果如图6-185所示。

图6-184

图6-185

6.18.3　扭曲文件夹

　　【扭曲】文件夹里的特效效果就是对素材的出入点进行几何形体的变形处理。【扭曲】文件夹里包括【扭曲入点】和【扭曲出点】两个视频效果，并已设置好动画参数，如图6-186所示。【扭曲】文件夹中的【扭曲入点】效果如图6-187所示。

图6-186

图6-187

6.18.4 斜角边文件夹

【斜角边】文件夹里的特效效果就是为素材添加一个照明，使素材产生三维立体倾斜效果。【斜角边】文件夹里包括【厚斜角边】和【薄斜角边】两个视频效果，如图6-188所示。【斜角边】文件夹中的【厚斜角边】效果如图6-189所示。

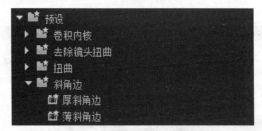

图6-188

图6-189

6.18.5 模糊文件夹

【模糊】文件夹里的特效效果就是快速使素材的出入点产生定向模糊的效果。【模糊】文件夹里包括【快速模糊入点】和【快速模糊出点】两个视频效果，并已设置好动画参数，如图6-190所示。【模糊】文件夹中的【快速模糊入点】效果如图6-191所示。

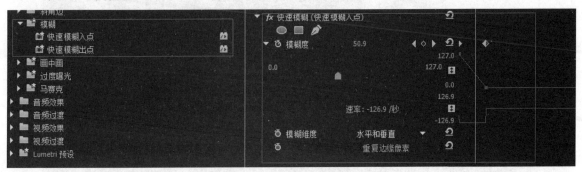

图6-190

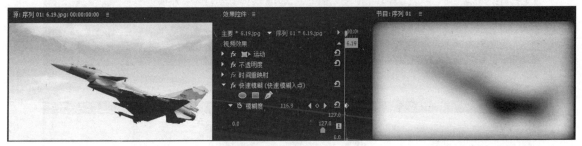

图6-191

6.18.6 画中画文件夹

【画中画】文件夹里的特效效果就是将素材以多种不同的方式缩放到画面中，呈现画中画效果。【画中画】文件夹里包括【25% LL】、【25% LR】、【25% UL】、【25% UR】和【25%运动】5个子文件夹，提供了多种不同样式的效果，多个视频效果已设置好动画参数，如图6-192所示。【画中画】文件夹中的【画中画25% UR 旋转入点】效果如图6-193所示。

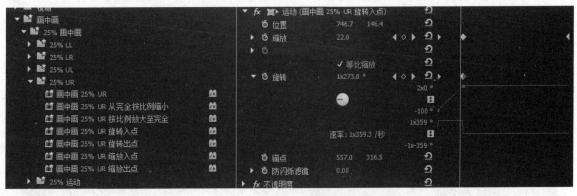

图6-192

图6-193

6.18.7 过度曝光文件夹

【过度曝光】文件夹里的特效效果就是使素材的出入点模拟相机曝光过度的效果。【过度曝光】文件夹里包括【过度曝光入点】和【过度曝光出点】两个视频效果，并已设置好动画参数，如图6-194所示。【过度曝光】文件夹中的【过度曝光入点】效果如图6-195所示。

图6-194

图6-195

6.18.8 马赛克文件夹

【马赛克】文件夹里的特效效果就是调整素材的出入点为马赛克效果。【马赛克】文件夹里包括【马赛克入点】和【马赛克出点】两个视频效果，并已设置好动画参数，如图6-196所示。【马赛克】文件夹中的【马赛克入点】效果如图6-197所示。

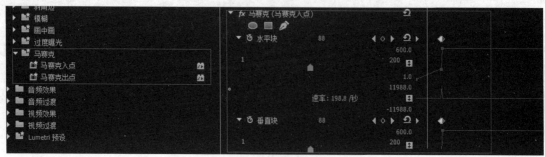

图6-196

图6-197

6.19 Lumetri预设文件夹

【Lumetri预设】文件夹是Premiere Pro CC中新增加的视频效果，可应用预设的颜色分级效果。【Lumetri预设】文件夹又按照视频效果的颜色、色温、用途和风格等方式，细化分为4个文件夹，分别是【Filmstocks】、【SpeedLooks】、【单色】和【影片】文件夹，如图6-198所示。

图6-198

6.19.1 Filmstocks文件夹

【Filmstocks】文件夹里的特效效果可调节素材电影胶片的颜色色温，文件夹里包括5种不同的颜色表达效果，并且右侧可以查看效果示意图，如图6-199所示。【Filmstocks】文件夹中的【Fuji F125 Kodak 2393】效果如图6-200所示。

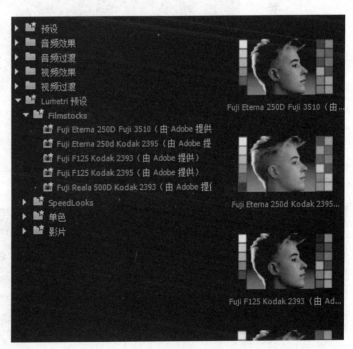

图6-199

195

图6-200

6.19.2 SpeedLooks文件夹

　　【SpeedLooks】文件夹里的特效效果可调节素材颜色风格，文件夹里包括【Universal】和【摄像机】两个子文件夹，提供了多种不同颜色风格的表达效果，并且右侧可以查看效果示意图，如图6-201所示。【SpeedLooks】文件夹中的【SL蓝色Day4Nite(Universal)】效果如图6-202所示。

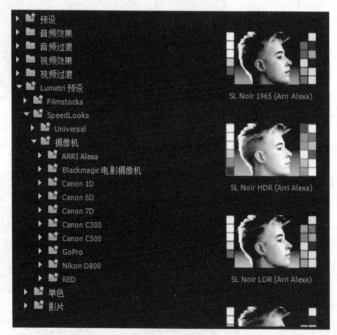

图6-201

图6-202

6.19.3 单色文件夹

【单色】文件夹里的特效效果可调节素材黑白化颜色的强弱，文件夹里包括7种不同的颜色表达效果，并且右侧可以查看效果示意图，如图6-203所示。【单色】文件夹中的【黑白打孔】效果如图6-204所示。

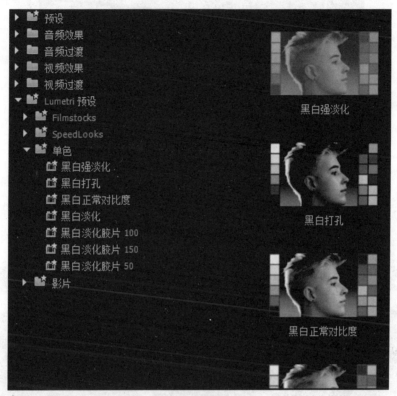

图6-203

图6-204

6.19.4 影片文件夹

【影片】文件夹里的特效效果可调节素材颜色的饱和度，文件夹里包括7种不同的颜色表达效果，并且右侧可以查看效果示意图，如图6-205所示。【影片】文件夹中的【Cinespace 100】效果如图6-206所示。

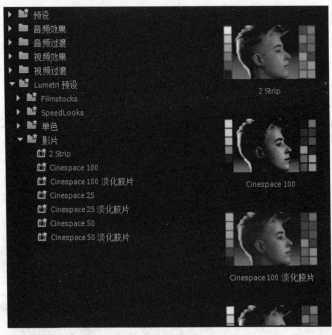

图6-205

图6-206

| 6.20 实训案例：灰色记忆

6.20.1 案例目的

　　灰色记忆案例是为了加深理解【杂色HLS自动】效果、【Lumetri预设】文件夹中的【黑白强淡化】效果和【预设】文件夹中的【快速模糊出点】效果的运用。

6.20.2 案例思路

　　(1) 将"老照片.jpg"素材文件导入到软件项目中。
　　(2) 利用【杂色HLS自动】和【黑白强淡化】效果，模拟颜色逐渐褪去的效果。
　　(3) 利用【快速模糊出点】效果，为素材片段添加淡出的效果。

6.20.3 制作步骤

1. 设置项目

01 打开Premiere Pro CC软件，在【欢迎使用】界面上单击【新建项目】按钮，如图6-207所示。

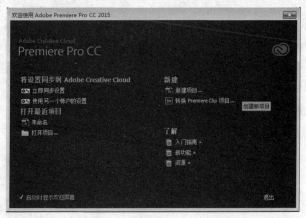

图6-207

02 在【新建项目】对话框中，输入项目名称为"灰色记忆"，并设置项目储存位置，单击【确定】按钮，如图6-208所示。

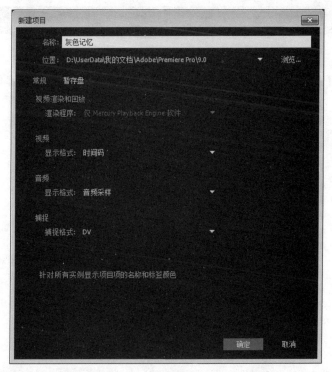

图6-208

03 执行【文件】|【新建】|【序列】命令，在【新建序列】对话框的【设置】选项卡中，设置【编辑模式】为"自定义"，【时基】为25.00帧/秒，【帧大小】为690×477，【像素长宽比】

为"方形像素(1.0)"，【序列名称】为"灰色记忆"，如图6-209所示。

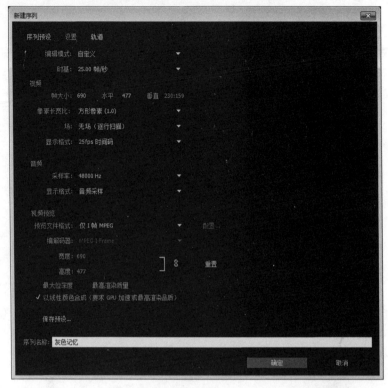

图6-209

04 执行【文件】|【导入】|【序列】命令，在【导入】对话框中选择案例素材，如图6-210 所示。

图6-210

2. 制作效果

01 将"老照片.jpg"素材文件拖曳至【V1】视频轨道上，如图6-211所示。

图6-211

02 激活【效果】面板，将【视频效果】|【杂色HLS自动】、【Lumetri预设】|【单色】|【黑白强淡化】和【预设】|【模糊】|【快速模糊出点】命令拖曳到"老照片.jpg"素材文件的【效果控件】面板中，如图6-212所示。

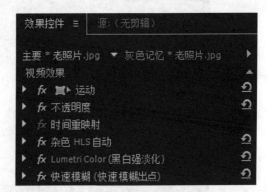

图6-212

03 将当前时间线移动到00:00:01:15位置，设置【杂色HLS自动】的【饱和度】为0.0。设置【黑白强淡化】|【基本校正】的【饱和度】为150.0%，【晕影】的【数量】为0.0，取消【创意】【曲线】和【色轮】选项，如图6-213所示。

04 将当前时间线移动到00:00:03:15位置，设置【杂色HLS自动】的【饱和度】为100.0%，设置【黑白强淡化】|【基本校正】的【饱和度】为0.0，【晕影】的【数量】为5.0，如图6-214所示。

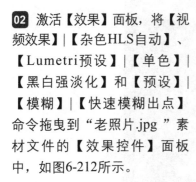

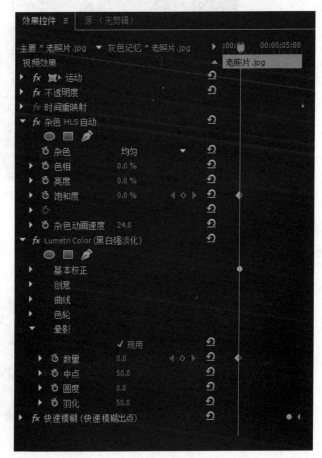

图6-213

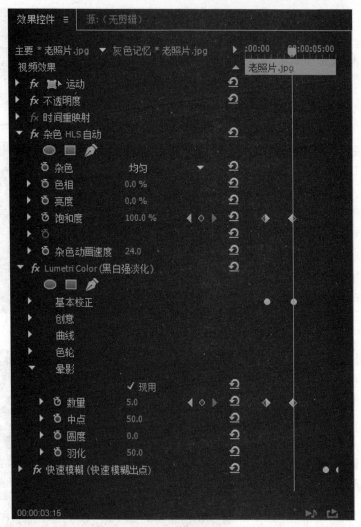

图6-214

3. 查看最终效果

在【节目监视器】面板上查看最终动画效果，如图6-215所示。

图6-215

图6-215(续)

6.21 实训案例：换个心情

6.21.1 案例目的

换个心情案例是为了加深理解【视频效果】文件夹中【分色】和【更改为颜色】效果的运用。

6.21.2 案例思路

(1) 将"换个心情.jpg"素材文件导入到软件项目中。

(2) 利用【分色】效果，将花朵与背景分开，并使背景失去颜色。

(3) 利用【更改为颜色】效果，将花朵的颜色由红色变成蓝色。

6.21.3 制作步骤

1. 设置项目

01 打开Premiere Pro CC软件，在【欢迎使用】界面上单击【新建项目】按钮，如图6-216所示。

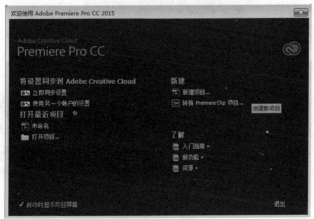

图6-216

02 在【新建项目】对话框中，输入项目名称为"换个心情"，并设置项目储存位置，单击【确定】按钮，如图6-217所示。

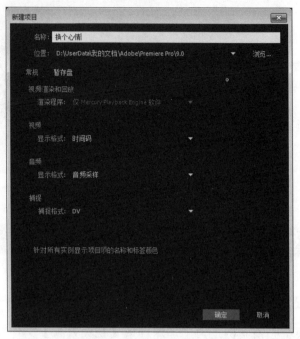

图6-217

03 执行【文件】|【新建】|【序列】命令，在【新建序列】对话框的【序列预设】选项卡中，设置【可用预设】为HDV 720p25，【序列名称】为"换个心情"，如图6-218所示。

图6-218

04 执行【文件】|【导入】|【序列】命令，在【导入】对话框中选择案例素材，如图6-219所示。

图6-219

2. 制作效果

01 将"换个心情.jpg"素材文件拖曳至【V1】视频轨道上，如图6-220所示。

02 激活【效果】面板，将【视频效果】|【分色】和【更改为颜色】效果拖曳到"老照片.jpg"素材文件的【效果控件】面板中，如图6-221所示。

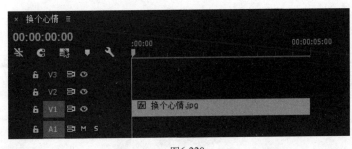

图6-220

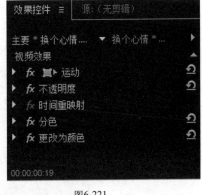

图6-221

03 设置【分色】的【脱色量】为100.0%，【要保留的颜色】为(175,2,62)，【边缘柔和度】为11.0%，【匹配颜色】为"使用色相"，如图6-222所示。

205

图6-222

04 设置【更改为颜色】的【自】为(175,2,62)，【至】为(0,6,255)，【更改】为"色相"，【容差】|【色相】为100%，如图6-223所示。

图6-223

3. 查看最终效果

在【节目监视器】面板上查看最终效果，如图6-224所示。

图6-224

6.22 实训案例：爱电影

6.22.1 案例目的

爱电影案例是为了加深理解【视频效果】文件夹中【圆形】、【高斯模糊】效果和【过渡】文件夹中效果的运用。

6.22.2 案例思路

(1) 将项目素材文件分别导入到指定的轨道上。

(2) 利用【圆形】效果，制作片段开场人物从画面中心逐渐显现的效果。

(3) 利用【过渡】文件夹中的效果，制作镜头之间的过渡效果。

(4) 利用【高斯模糊】效果和【不透明度】属性，制作片段结尾画面逐渐消失的效果。

6.22.3 制作步骤

1. 设置项目

01 打开Premiere Pro CC软件，在【欢迎使用】界面上单击【新建项目】按钮，如图6-225所示。

02 在【新建项目】对话框中，输入项目名称为"爱电影"，并设置项目储存位置，单击【确定】按钮，如图6-226所示。

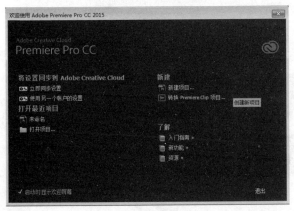

图6-225

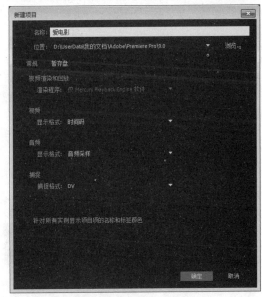

图6-226

03 执行【文件】|【新建】|【序列】命令，在【新建序列】对话框的【设置】选项卡中，设置【编辑模式】为"自定义"，【时基】为25.00帧/秒，【帧大小】为1600×1200，【像素长宽比】为"方形像素(1.0)"，【序列名称】为"爱电影"，如图6-227所示。

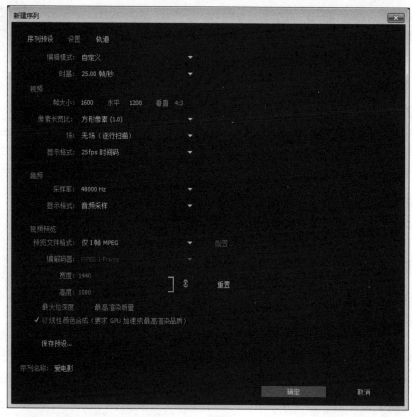

图6-227

04 执行【文件】|【导入】|【序列】命令，在【导入】对话框中选择案例素材，如图6-228
所示。

图6-228

2. 设置时间轴序列

分别将"权力游戏1.jpg"、"权力游戏2.jpg"、"权力游戏3.jpg"、"权力游戏4.jpg"、"权力游戏5.jpg"、"权力游戏6.jpg"和"《冰与火之歌》.wma"素材文件拖曳至音视频轨道上，分别设置图片素材的【持续时间】为00:00:09:00、00:00:13:00、00:00:17:00、00:00:21:00、00:00:25:00和00:00:31:00，如图6-229所示。

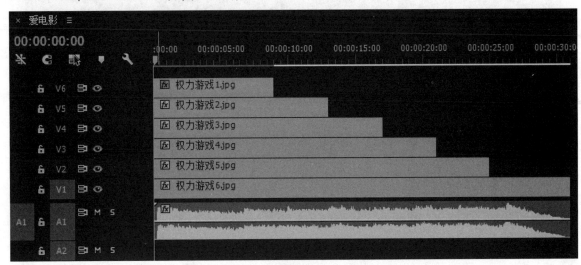

图6-229

3. 设置开始效果

01 激活【效果】面板，将【视频效果】|【生成】|【圆形】和【过渡】|【块溶解】效果拖曳到"权力游戏1.jpg"素材文件的【效果控件】面板中，如图6-230所示。

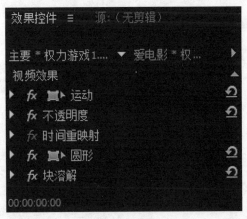

图6-230

02 将当前时间线移动到00:00:00:00位置，设置【圆形】的【半径】为-100.0，【羽化】为100.0，勾选【反转圆形】选项，设置【颜色】为(0,0,0)，【混合模式】为"正常"，如图6-231所示。

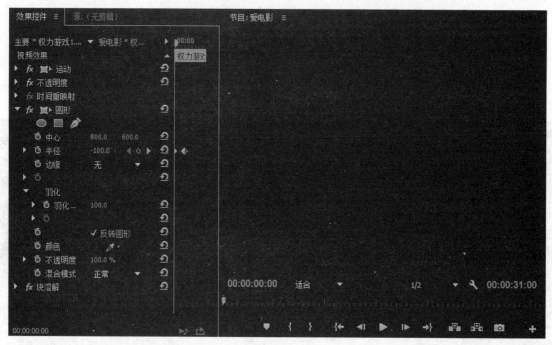

图6-231

03 将当前时间线移动到00:00:03:00位置，设置【圆形】的【半径】为1100.0，如图6-232所示。

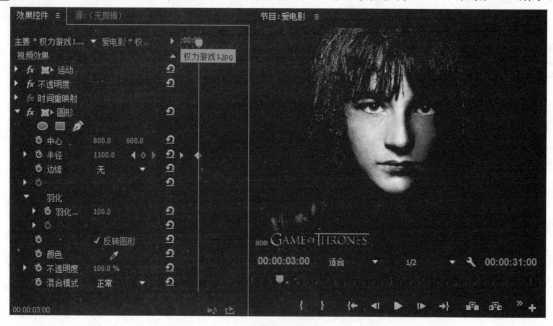

图6-232

4. 设置过渡变化

01 将当前时间线移动到00:00:06:00位置，设置"权力游戏1.jpg"素材的【块溶解】的【过渡完成】为0，如图6-233所示。

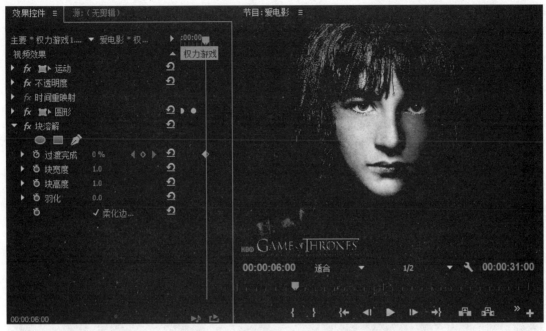

图6-233

02 将当前时间线移动到00:00:08:24位置，设置【块溶解】的【过渡完成】为100%，如图6-234
所示。

图6-234

03 将当前时间线移动到00:00:11:00位置，将【视频效果】|【过渡】|【径向擦除】命令拖曳到
"权力游戏2.jpg"素材文件的【效果控件】面板中，设置【径向擦除】的【过渡完成】为0，如

图6-235所示。

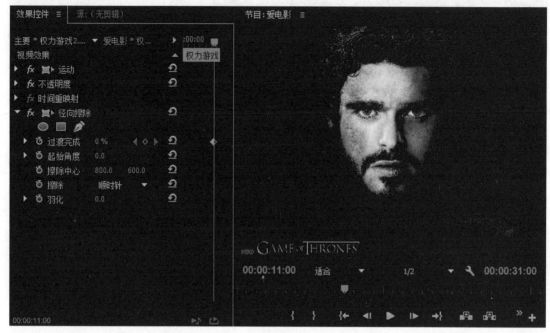

图6-235

04 将当前时间线移动到00:00:14:24位置，设置【径向擦除】的【过渡完成】为100%，如图6-236所示。

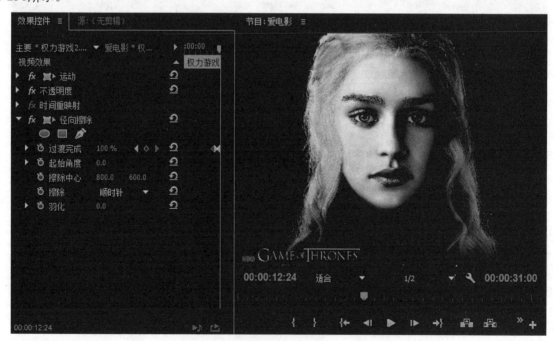

图6-236

05 将当前时间线移动到00:00:15:00位置，将【视频效果】|【过渡】|【渐变擦除】命令拖曳到

"权力游戏3.jpg"素材文件的【效果控件】面板中，设置【渐变擦除】的【过渡完成】为0，如图6-237所示。

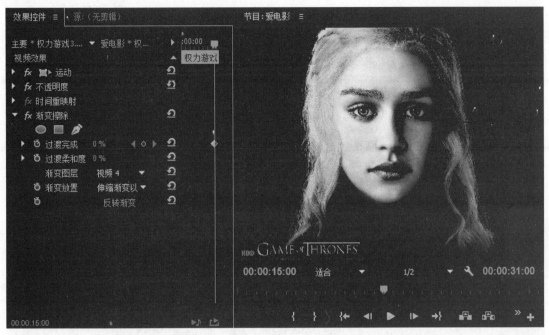

图6-237

06 将当前时间线移动到00:00:16:24位置，设置【渐变擦除】的【过渡完成】为100%，如图6-238所示。

图6-238

07 将当前时间线移动到00:00:19:00位置，将【视频效果】|【过渡】|【百叶窗】命令拖曳到"权力游戏4.jpg"素材文件的【效果控件】面板中，设置【百叶窗】的【过渡完成】为0，如图6-239所示。

图6-239

08 将当前时间线移动到00:00:20:24位置，设置【百叶窗】的【过渡完成】为100%，如图6-240所示。

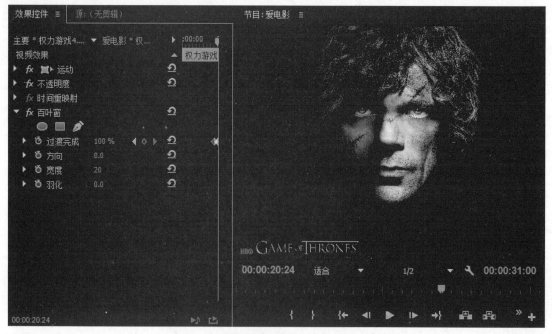

图6-240

09 将当前时间线移动到00:00:23:00位置，将【视频效果】|【过渡】|【线性擦除】命令拖曳到"权力游戏5.jpg"素材文件的【效果控件】面板中，设置【线性擦除】的【过渡完成】为0，如图6-241所示。

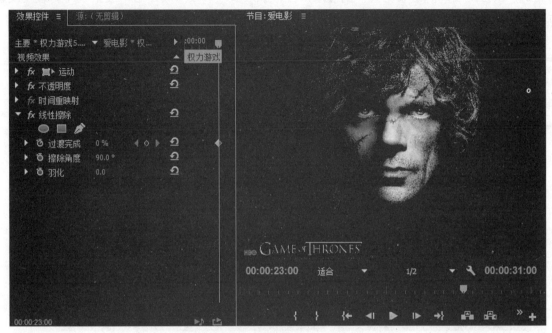

图6-241

10 将当前时间线移动到00:00:24:24位置，设置【线性擦除】的【过渡完成】为100%，如图6-242所示。

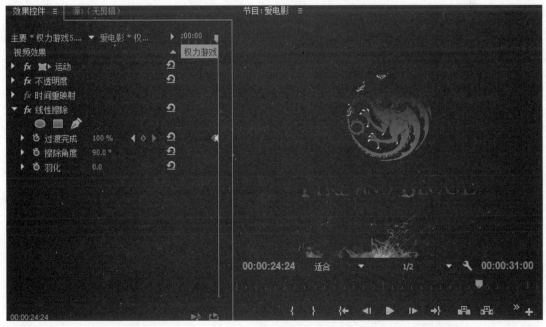

图6-242

5. 设置结尾效果

01 将当前时间线移动到00:00:26:10位置，将【视频效果】|【模糊与锐化】|【高斯模糊】命令拖曳到"权力游戏6.jpg"素材文件的【效果控件】面板中，设置【不透明度】的【不透明度】为100%，设置【高斯模糊】的【模糊度】为0.0，如图6-243所示。

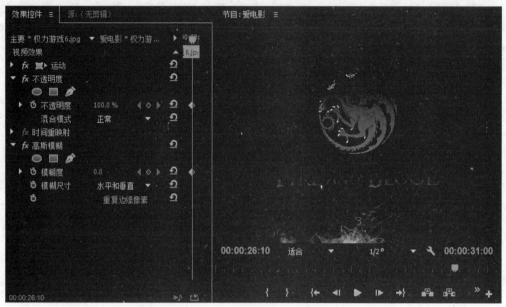

图6-243

02 将当前时间线移动到00:00:30:00位置，设置【不透明度】的【不透明度】为0.0，设置【高斯模糊】的【模糊度】为200.0，如图6-244所示。

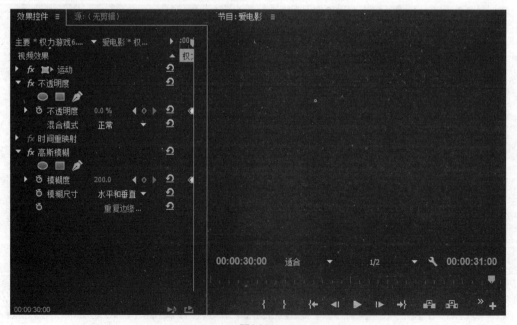

图6-244

6. **查看最终效果**

在【节目监视器】面板上查看最终动画效果，如图6-245所示。

图6-245

第7章

视频过渡特效

视频过渡又称为视频切换，指镜头与镜头之间的过渡衔接。视频过渡就是前一个素材逐渐消失，后一个素材逐渐显现的过程。视频过渡可以使前后画面衔接得更为舒服流畅，有些也可产生场次分明的效果。根据制作的需要可以添加合适的视频过渡效果。Adobe Premiere Pro CC中提供大量的视频过渡效果，以方便用户使用，从而满足制作需求。

Adobe Premiere Pro CC中提供了大量的视频过渡效果，软件自带的效果就有37种，并根据它们的类型分别分布在7个文件夹中。这7个文件夹的分类分别是【3D运动】、【划像】、【擦除】、【溶解】、【滑动】、【缩放】和【页面剥落】，如图7-1所示。这些效果可使视频素材之间产生特殊的过渡效果，以达到制作需求。

图7-1

7.1. 编辑视频过渡特效

Premiere Pro CC中的视频效果与视频过渡效果是有区别的，虽然有些特效效果处理后的画面效果相同，但在制作技巧上略有不同。前者是对单个视频素材进行效果变化处理，后者是对两个视频素材之间的过渡效果进行处理，如图7-2所示。

图7-2

视频过渡效果主要是视频素材之间的过渡处理，但有些时候也可以添加到单个素材的入点或出点位置，如图7-3所示。

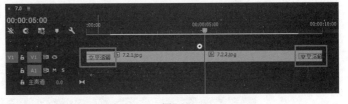

图7-3

7.1.1 添加、删除/替换视频过渡效果

添加过渡效果，只需将特效效果拖曳到相邻的两个素材之间即可，如图7-4所示。

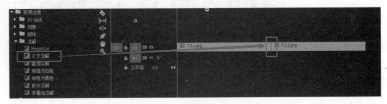

图7-4

删除视频过渡效果，只需在视频过渡效果上单击右键，执行右键菜单中的【清除】命令即

可，如图7-5所示。

图7-5

替换视频过渡效果，只需要将新的过渡效果覆盖在原有的过渡效果之上即可，不必清除先前的过渡效果，如图7-6所示。

图7-6

7.1.2　修改视频过渡效果的持续时间

视频过渡效果的持续时间是可以自由调整的，常用的方法有3种。

方法一：在【效果控件】面板中，直接修改数值，或滑动鼠标左键改变数值，如图7-7所示。

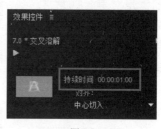

图7-7

方法二：对【效果控件】面板上的过渡效果边缘进行拖曳，以改变过渡效果的持续时间，如图7-8所示。

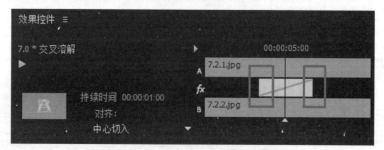

图7-8

方法三：对【时间线】面板上的过渡效果边缘进行拖曳，以加长或缩短过渡效果的持续时间，如图7-9所示。

图7-9

7.1.3 查看或修改视频过渡效果

在【效果控件】面板中，可以查看或修改视频过渡效果，以达到制作需要，如图7-10所示。

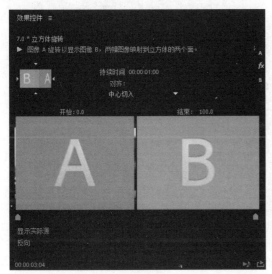

图7-10

※ **参数详解**

☆ 播放：单击该按钮可预览过渡效果。

☆ 持续时间：设置过渡效果持续时间。

☆ 开始、结束：设置开始和结束的百分比。

☆ 显示实际源：显示过渡的图片。

☆ 反向：勾选选项，运动效果将反向运行。

☆ 对齐：设置过渡效果的对齐方式。视频过渡效果的作用区域是可以自由调整的，可以将过渡效果偏向于某个素材方向，包括【中心切入】、【起点切入】、【终点切入】和【自定义起点】4个选项，如图7-11所示。

◎ 中心切入：添加过渡效果到两个素材的中间处，此为默认对齐方式。

◎ 起点切入：添加过渡效果到第二个素材的开始位置。

◎ 终点切入：添加过渡效果到第一个素材的结束位置。

◎ 自定义起点：通过鼠标拖曳，自定义过渡效果开始和结束的位置。

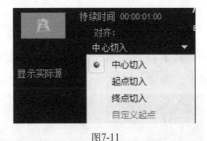

图7-11

7.2 3D运动类视频过渡特效

模拟3D运动类视频过渡特效主要是模拟在三维空间中，素材在空间中产生变换的效果。【3D

运动】文件夹中包含两个视频过渡效果，分别是【立方体旋转】和【翻转】，如图7-12所示。

图7-12

7.2.1　立方体旋转

【立方体旋转】过渡特效是模拟素材为立方体相邻的两面，以立方体的转动从而产生素材切换的过渡效果，如图7-13所示。

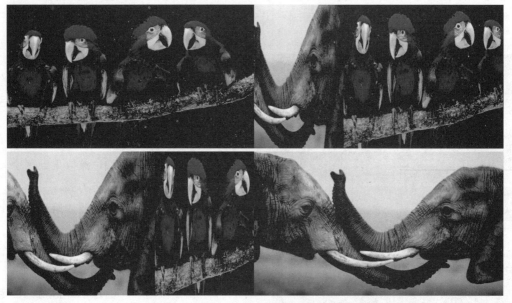

图7-13

7.2.2　翻转

【翻转】过渡特效是模拟素材为面片的两面，以水平或垂直方向翻转从而产生素材切换的过渡效果，如图7-14所示。

图7-14

图7-14(续)

※ 参数详解

单击"自定义"按钮出现【翻转设置】对话框，如图7-15所示。

☆ 带：设置翻转条数量。

☆ 填充颜色：设置翻转时背景的颜色。

图7-15

7.3 划像类视频过渡特效

划像类视频过渡特效主要是第一个素材以某种形状划像而出，然后逐渐显示第二个素材的过程效果。【划像】文件夹中包含4个视频过渡效果，分别是【交叉划像】、【圆划像】、【盒形划像】和【菱形划像】，如图7-16所示。

图7-16

7.3.1 交叉划像

【交叉划像】过渡特效是第二个素材以十字的形状，从画面中心由小到大逐渐覆盖第一个素材的过渡效果，如图7-17所示。

图7-17

图7-18

7.3.2　圆划像

　　【圆划像】过渡特效是第二个素材以圆形的形状，从画面中心由小到大逐渐覆盖第一个素材的过渡效果，如图7-18所示。

7.3.3　盒形划像

　　【盒形划像】过渡特效是第二个素材以矩形的形状，从画面中心由小到大逐渐覆盖第一个素材的过渡效果，如图7-19所示。

图7-19

7.3.4 菱形划像

【菱形划像】过渡特效是第二个素材以菱形的形状，从画面中心由小到大逐渐覆盖第一个素材的过渡效果，如图7-20所示。

图7-20

| 7.4 擦除类视频过渡特效 🔍 ➡

　　擦除类视频过渡特效主要是以多种不同的形式逐渐擦除第一个素材，逐渐显示第二个素材的过渡效果。【擦除】文件夹中包含17个视频过渡效果，分别是【划出】、【双侧平推门】、【带状擦除】、【径向擦除】、【插入】、【时钟式擦除】、【棋盘】、【棋盘擦除】、【楔形擦除】、【水波块】、【油漆飞溅】、【渐变擦除】、【百叶窗】、【螺旋框】、【随机块】、【随机擦除】和【风车】，如图7-21所示。

图7-21

▌7.4.1 划出 ───────────────────────○

　　【划出】过渡特效是第二个素材从画面一侧向另一侧划出，直到覆盖住第一个素材，占满整个屏幕画面的过渡效果，如图7-22所示。

图7-22

图7-22(续)

图7-23

7.4.2 双侧平推门

【双侧平推门】过渡特效是模拟自动门的效果,第二个素材从画面两侧向中心推出,直到覆盖住第一个素材,占满整个屏幕画面的过渡效果,如图7-23所示。

7.4.3 带状擦除

【带状擦除】过渡特效是第二个素材以矩形条带的形状从画面左右两侧擦除,逐渐覆盖第一个素材,占满整个屏幕画面的过渡效果,如图7-24所示。

※ **参数详解**

单击"自定义"按钮可弹出【带状擦除设置】对话框,如图7-25所示。

带数量:可以设置带状效果的数量。

图7-24

图7-24(续)

图7-25

图7-26

7.4.4 径向擦除

【径向擦除】过渡特效是第二个素材以屏幕某一角作为圆心，逐渐擦除第一个素材，显现第二个素材的过渡效果，如图7-26所示。

7.4.5 插入

【插入】过渡特效是第二个素材从屏幕某一角插入，并且第二个素材以矩形形状逐渐放大，直到覆盖住第一个素材，占满整个屏幕画面的过渡效果，如图7-27所示。

除第一个素材，显现第二个素材的过渡效果，如图7-28所示。

图7-27

图7-28

7.4.6 时钟式擦除

【时钟式擦除】过渡特效是第二个素材以屏幕中心作为圆心，以表针旋转的方式逐渐擦

7.4.7 棋盘

【棋盘】过渡特效是将屏幕分成若干个小

矩形，第二个素材以小矩形的形式逐渐覆盖第一个素材，占满整个屏幕画面的过渡效果，如图7-29所示。

图7-29

※ **参数详解**

单击"自定义"按钮可弹出【棋盘设置】

对话框，如图7-30所示。

☆ 水平切片：可以设置过渡效果水平方向的切片数量。

☆ 垂直切片：可以设置过渡效果垂直方向的切片数量。

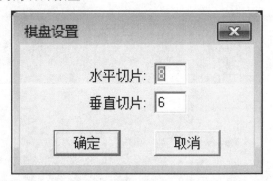

图7-30

7.4.8 棋盘擦除

【棋盘擦除】过渡特效是将屏幕分成若干个小矩形，第二个素材以小矩形的形式逐渐擦除第一个素材，占满整个屏幕画面的过渡效果，如图7-31所示。

图7-31

图7-31(续)

※ 参数详解

单击"自定义"按钮可弹出【棋盘擦除设置】对话框，如图7-32所示。

☆ 水平切片：可以设置过渡效果水平方向的切片数量。

☆ 垂直切片：可以设置过渡效果垂直方向的切片数量。

图7-32

▊ 7.4.9 楔形擦除

【楔形擦除】过渡特效是第二个素材在屏幕中心，以扇形展开的方式逐渐覆盖第一个素材，

占满整个屏幕画面的过渡效果，如图7-33所示。

图7-33

▊ 7.4.10 水波块

【水波块】过渡特效是第二个素材以水波条带的形式，从屏幕左上方，以"Z"字形，

逐行擦除到屏幕右下方，直到占满整个屏幕画面的过渡效果，如图7-34所示。

图7-34

※ 参数详解

单击"自定义"按钮可弹出【水波块设

置】对话框，如图7-35所示。

☆ 水平：可以设置过渡效果水平方向的擦除段数。

☆ 垂直：可以设置过渡效果垂直方向的擦除段数。

图7-35

7.4.11　油漆飞溅

【油漆飞溅】过渡特效是第二个素材以油漆染料泼洒飞溅出的形状，逐渐覆盖第一个素材，占满整个屏幕画面的过渡效果，如图7-36所示。

图7-36

图7-36(续)

7.4.12 渐变擦除

【渐变擦除】过渡特效是第二个素材擦除整个画面，并使用所选择灰度图像的亮度值确定替换第一个素材图像区域的过渡效果，如图7-37所示。

图7-37

※ 参数详解

单击"自定义"按钮可弹出【渐变擦除设置】对话框，如图7-38所示。

☆ 选择图像：设置一张图片为渐变擦除的条件。

☆ 柔和度：设置过渡效果灰度的粗糙程度。

图7-38

7.4.13 百叶窗

【百叶窗】过渡特效是模拟百叶窗逐渐打开的方式，第二个素材逐渐覆盖第一个素材，占满整个屏幕画面的过渡效果，如图7-39

所示。

※ **参数详解**

单击"自定义"按钮可弹出【百叶窗设置】对话框，如图7-40所示。

带数量：可以设置百叶窗效果的数量。

图7-40

图7-39

7.4.14 螺旋框

【螺旋框】过渡特效是第二个素材以螺旋状旋转的形式，逐渐覆盖第一个素材，占满整个屏幕画面的过渡效果，如图7-41所示。

图7-41

图7-41(续)

※ **参数详解**

单击"自定义"按钮可弹出【螺旋框设置】对话框，如图7-42所示。

☆ 水平：可以设置过渡效果水平方向的擦除段数。

☆ 垂直：可以设置过渡效果垂直方向的擦除段数。

图7-42

7.4.15　随机块

【随机块】过渡特效是第二个素材以随机的小矩形块的形式逐渐擦除第一个素材，占满整个屏幕画面的过渡效果，如图7-43所示。

图7-43

※ **参数详解**

单击"自定义"按钮可弹出【随机块设置】对话框，如图7-44所示。

☆ 宽：可以设置过渡效果水平随机块的数量。

☆ 高：可以设置过渡效果垂直随机块的数量。

图7-44

7.4.16　随机擦除

　　【随机擦除】过渡特效是第二个素材以随机小矩形块的形式，由上到下逐行擦除第一个素材，占满整个屏幕画面的过渡效果，如图7-45所示。

图7-45

7.4.17　风车

　　【风车】过渡特效是第二个素材以风车旋转的方式，逐渐覆盖第一个素材，占满整个屏幕画面的过渡效果，如图7-46所示。

图7-46

※ 参数详解

单击"自定义"按钮可弹出【风车设置】
对话框，如图7-47所示。

楔形数量：可以设置扇面效果的数量。

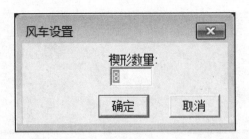

图7-47

| 7.5　溶解类视频过渡特效

溶解类视频过渡特效主要是第一个素材逐渐淡出，第二个素材逐渐显现的过渡效果。【溶
解】文件夹中包含7个视频过渡效果，分别是【MorphCut】、【交叉溶解】、【叠加溶解】、
【渐隐为白色】、【渐隐为黑色】、【胶片溶解】和【非叠加溶解】，如图7-48所示。

图7-48

7.5.1　MorphCut

【MorphCut】过渡特效是让两个剪辑素材之间进行融合过渡，达到无缝剪辑的目的，使视
频中的跳切镜头过渡得更为流畅，如图7-49所示。

图7-49

图7-49(续)

图7-50

7.5.2　交叉溶解

【交叉溶解】过渡特效是第一个素材淡出的同时，第二个素材逐渐显现的过渡效果，如图7-50所示。这也是最为常用的效果之一，是默认过渡效果。

7.5.3　叠加溶解

【叠加溶解】过渡特效是第一个素材变亮曝光叠化渐变到第二个素材的过渡效果，如图7-51所示。

图7-51

图7-51(续)

图7-52

7.5.4 渐隐为白色

【渐隐为白色】过渡特效是第一个素材逐渐淡化到白色，然后再从白色渐变到第二个素材的过渡效果，如图7-52所示。

7.5.5 渐隐为黑色

【渐隐为黑色】过渡特效是第一个素材逐渐淡化到黑色，然后再从黑色渐变到第二个素材的过渡效果，如图7-53所示。

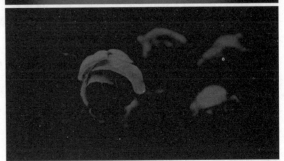

图7-53

图7-53(续)

图7-54

7.5.6 胶片溶解

【胶片溶解】过渡特效是使第一个素材产生胶片朦胧的效果，然后再渐变到第二个素材的过渡效果，如图7-54所示。该效果比【交叉溶解】过渡特效的画质更为细腻一些。

7.5.7 非叠加溶解

【非叠加溶解】过渡特效是第二个素材高亮的部分直接叠加到第一个素材上，然后再渐变到第二个素材的过渡效果，如图7-55所示。

图7-55

图7-55(续)

7.6 滑动类视频过渡特效

滑动类视频过渡特效主要是素材之间以多种不同的形式滑入滑出的过渡效果。【滑动】文件夹中包含5个视频过渡效果，分别是【中心拆分】、【带状滑动】、【拆分】、【推】和【滑动】，如图7-56所示。

图7-56

7.6.1 中心拆分

【中心拆分】过渡特效是将第一个素材从中心分裂成4块，并向屏幕的四角滑动移出，从而显现第二个素材的过渡效果，如图7-57所示。

图7-57

图7-57(续)

7.6.2 带状滑动

【带状滑动】过渡特效是第二个素材以矩形条带的形状从画面左右两侧滑入，逐渐覆盖第一个素材，占满整个屏幕画面的过渡效果，如图7-58所示。

※ **参数详解**

单击"自定义"按钮可弹出【带状滑动设置】对话框，如图7-59所示。

带数量：可以设置带状效果的数量。

图7-58

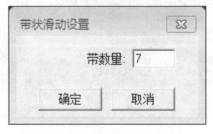

图7-59

7.6.3　拆分

【拆分】过渡特效是将第一个素材从中心分裂成两块，并向屏幕两侧滑动移出，从而显现第二个素材的过渡效果，如图7-60所示。

图7-60

7.6.4　推

【推】过渡特效是将第二个素材从屏幕一侧将第一个素材推出屏幕另一侧的过渡效果，如图7-61所示。

图7-61

7.6.5 滑动

【滑动】过渡特效是将第二个素材从屏幕一侧滑入，逐渐覆盖第一个素材，占满整个屏幕画面的过渡效果，如图7-62所示。

图7-62

| 7.7 缩放类视频过渡特效

缩放类视频过渡特效主要是素材间以缩放形式进行的过渡效果。【缩放】文件夹中只包含1个视频过渡效果，就是【交叉缩放】，如图7-63所示。

图7-63

【交叉缩放】过渡特效是将第二个素材从屏幕中心逐渐放大，逐渐覆盖第一个素材，占满整个屏幕画面的过渡效果，如图7-64所示。

图7-64

7.8 页面剥落类视频过渡特效

页面剥落类视频过渡特效主要是模拟书籍翻页的效果。【页面剥落】文件夹中包含两个视频过渡效果，分别是【翻页】和【页面剥落】，如图7-65所示。

图7-65

7.8.1 翻页

【翻页】过渡特效是将第一个素材从屏幕一角翻起，从而显现第二个素材的过渡效果。卷起后的背面显示第一个素材的颠倒画面，但不显示卷曲效果，如图7-66所示。

图7-66

7.8.2 页面剥落

【页面剥落】过渡特效是将第一个素材像翻书页一样从屏幕一角翻起，从而显现第二个素材的过渡效果，如图7-67所示。

图7-67

7.9 实训案例：非洲动物

7.9.1 案例目的

非洲动物案例是为了加深理解【视频过渡】中【页面剥落】文件夹和【过渡】文件夹中视频过渡效果的运用。

7.9.2 案例思路

(1) 将项目素材文件导入到指定的轨道上。

(2) 根据音频素材的时间长度，调整视频素材的持续时间，并与音频素材对齐。

(3) 为视频素材之间添加各种视频过渡效果。

(4) 利用【渐隐为黑色】效果制作片段结尾画面逐渐消失的效果。

7.9.3 制作步骤

1. 设置项目

01 打开Premiere Pro CC软件，在【欢迎使用】界面上单击【新建项目】按钮，如图7-68所示。

02 在【新建项目】对话框中，输入项目名称为"非洲动物"，并设置项目储存位置，单击【确定】按钮，如图7-69所示。

图7-68

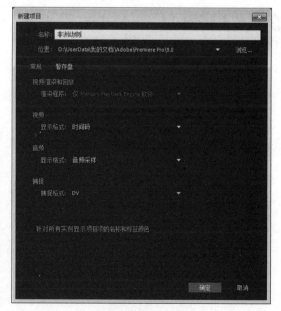

图7-69

03 执行【文件】|【新建】|【序列】命令，在【新建序列】对话框的【设置】选项卡中，设置【编辑模式】为"自定义"，【时基】为25.00帧/秒，【帧大小】为800×600，【像素长宽比】为"方形像素(1.0)"，【序列名称】为"非洲动物"，如图7-70所示。

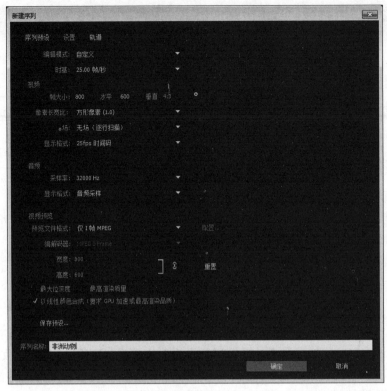

图7-70

04 执行【文件】|【导入】|【序列】命令，在【导入】对话框中选择案例素材，如图7-71
所示。

图7-71

2. 设置时间轴序列

01 分别将"非洲动物1.jpg"、"非洲动物2.jpg"、"非洲动物3.jpg"、"非洲动物4.jpg"、"非洲动物5.jpg"、"非洲动物6.jpg"、"非洲动物7.jpg"、"非洲动物8.jpg"和"非洲动物.MP3"素材文件拖曳至音视频轨道上，如图7-72所示。

图7-72

02 选择视频轨道【V1】上的素材，执行右键菜单中的【缩放为帧大小】命令，如图7-73所示。

图7-73

03 选择视频轨道【V1】上的"非洲动物1.jpg"、"非洲动物2.jpg"、"非洲动物3.jpg"、"非洲动物4.jpg"、"非洲动物5.jpg"、"非洲动物6.jpg"和"非洲动物7.jpg"素材，执行右键菜单中的【速度/持续时间】命令，设置【剪辑速度/持续时间】对话框中的【持续时间】为00:00:04:00，如图7-74所示。

04 执行右键菜单中的【波形删除】命令，将素材对齐，如图7-75所示。

图7-75

05 设置"非洲动物8.jpg"素材的【持续时间】为00:00:06:22，如图7-76所示。

图7-74

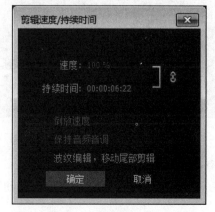

图7-76

3. 设置视频过渡效果

01 激活【效果】面板，分别将【视频过渡】|【过渡】|【交叉溶解】效果拖曳到"非洲动物1.jpg"和"非洲动物2.jpg"素材之间，【叠加溶解】效果拖曳到"非洲动物3.jpg"和"非洲动物4.jpg"素材之间，【渐隐为白色】效果拖曳到"非洲动物4.jpg"和"非洲动物5.jpg"素材之间，【胶片溶解】效果拖曳到"非洲动物6.jpg"和"非洲动物7.jpg"素材之间，【非叠加溶解】效果拖曳到"非洲动物7.jpg"和"非洲动物8.jpg"素材之间，如图7-77所示。

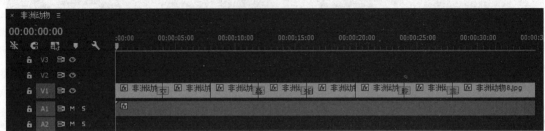

图7-77

02 分别将【视频过渡】|【页面剥落】|【翻页】效果拖曳到"非洲动物3.jpg"和"非洲动物4.jpg"素材之间，【页面剥落】效果拖曳到"非洲动物5.jpg"和"非洲动物6.jpg"素材之间，如图7-78所示。

图7-78

03 将【视频过渡】|【过渡】|【渐隐为黑色】拖曳到"非洲动物8.jpg"素材的出点位置，如图7-79所示。

图7-79

4. 查看最终效果

在【节目监视器】面板上查看最终动画效果，如图7-80所示。

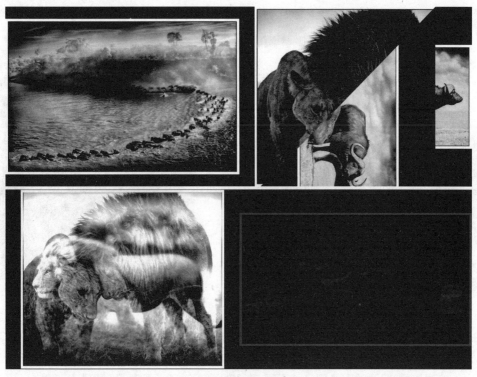

图7-80

7.10 实训案例：北京欢迎你

7.10.1 案例目的

北京欢迎你案例是为了加深理解【视频过渡】中的【3D运动】文件夹和【滑动】文件夹中视频过渡效果的运用。

7.10.2 案例思路

(1) 将项目素材文件导入到指定的轨道上。

(2) 根据音频素材的时间长度，调整视频素材的持续时间，并与音频素材对齐。

(3) 为视频素材之间添加各种视频过渡效果。

(4) 利用【渐隐为黑色】效果制作片段结尾画面逐渐消失的效果。

7.10.3 制作步骤

1. 设置项目

01 打开Premiere Pro CC软件，在【欢迎使用】界面上单击【新建项目】按钮，如图7-81所示。

02 在【新建项目】对话框中，输入项目名称为"北京欢迎你"，并设置项目储存位置，单击【确定】按钮，如图7-82所示。

图7-81

图7-82

03 执行【文件】|【新建】|【序列】命令，在【新建序列】对话框的【序列预设】选项卡中，设置【可用预设】为"HDV 720p25"，【序列名称】为"北京欢迎你"，如图7-83所示。

图7-83

04 执行【文件】|【导入】|【序列】命令，在【导入】对话框中选择案例素材，如图7-84所示。

图7-84

2. 设置时间轴序列

01 分别将"北京欢迎你1.jpg"、"北京欢迎你2.jpg"、"北京欢迎你3.jpg"、"北京欢迎你4.jpg"、"北京欢迎你5.jpg"、"北京欢迎你6.jpg"、"北京欢迎你7.jpg"、"北京欢迎你8.jpg"和"北京欢迎你.MP3"素材文件拖曳至音视频轨道上，如图7-85所示。

图7-85

02 选择视频轨道【V1】上的素材，执行右键菜单中的【缩放为帧大小】命令，如图7-86所示。

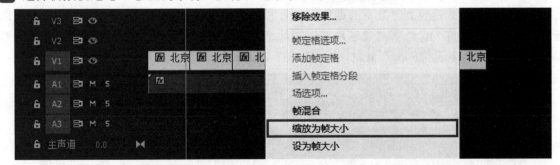

图7-86

03 选择视频轨道【V1】上的"北京欢迎你1.jpg"、"北京欢迎你2.jpg"、"北京欢迎

3.jpg"、"北京欢迎你4.jpg"、"北京欢迎你5.jpg"、"北京欢迎你6.jpg"和"北京欢迎你7.jpg"素材，执行右键菜单中的【速度/持续时间】命令，设置【剪辑速度/持续时间】的【持续时间】为00:00:04:00，如图7-87所示。

04 执行右键菜单中的【波形删除】命令，将素材对齐，如图7-88所示。

05 设置"北京欢迎你8.jpg"素材的【持续时间】为00:00:03:09，如图7-89所示。

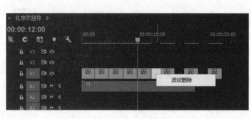

| 图7-87 | 图7-88 | 图7-89 |

3. 设置颜色变化效果

01 激活【效果】面板，分别将【视频过渡】|【3D运动】|【立方体旋转】效果拖曳到"北京欢迎你1.jpg"和"北京欢迎你2.jpg"素材之间，【翻转】效果拖曳到"北京欢迎你2.jpg"和"北京欢迎你3.jpg"素材之间，如图7-90所示。

图7-90

02 分别将【视频过渡】|【滑动】|【中心拆分】效果拖曳到"北京欢迎你3.jpg"和"北京欢迎你4.jpg"素材之间，【带状滑动】效果拖曳到"北京欢迎你4.jpg"和"北京欢迎你5.jpg"素材之间，【拆分】效果拖曳到"北京欢迎你5.jpg"和"北京欢迎你6.jpg"素材之间，【推】效果拖曳到"北京欢迎你6.jpg"和"北京欢迎你7.jpg"素材之间，【滑动】效果拖曳到"北京欢迎你7.jpg"和"北京欢迎你8.jpg"素材之间，如图7-91所示。

图7-91

03 将【视频过渡】|【过渡】|【渐隐为黑色】拖曳到"北京欢迎你8.jpg"素材的出点位置，如图7-92所示。

图7-92

4. 查看最终效果

在【节目监视器】面板上查看最终动画效果，如图7-93所示。

图7-93

第8章

音频特效

影片都是声画结合的产物，包括视频和音频两个部分。影视作品中的声音包括3种类型，分别是人声、音效和背景音乐。影片中的声音具有模拟真实、表达思想、烘托气氛的作用。人类能够听到的声音都可以称为音频，都可以放到软件当中进行编辑和处理。Adobe Premiere Pro CC具有强大的音频处理功能，能够录制声音，编辑音频素材，添加特殊效果。

| 8.1 编辑音频特效

Premiere Pro CC中提供了音频编辑工具和大量的音频效果。这些效果主要放置在【音频效果】和【音频过渡】两个文件夹下，处理方式与视频效果类似，方便用户操作编辑。

8.1.1 录制声音

在Premiere Pro CC中可以通过【音轨混合器】录制声音，方便后期编辑处理。

01 在【音轨混合器】面板上，选择音频轨道，设置为写入模式，激活【启用轨道以进行录制】按钮█，激活【录制】按钮◎，如图8-1所示。

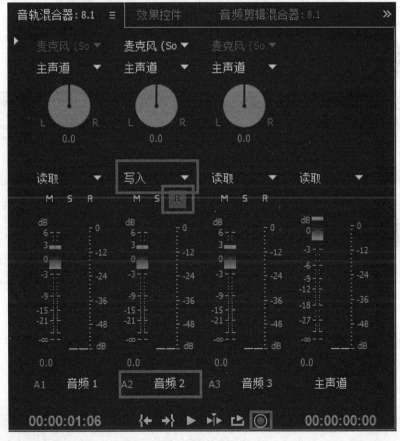

图8-1

02 单击【播放-停止切换(Space)】按钮▶，进行录制，如图8-2所示。

图8-2

03 在录制过程中，【节目监视器】面板显示为"正在录制…"，如图8-3所示。

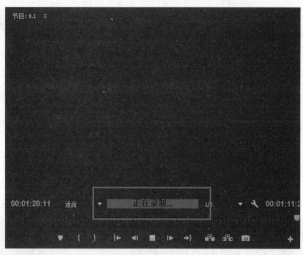

图8-3

04 在录制结束后，指定的音频轨道上会出现所录制的声音素材，如图8-4所示。

图8-4

8.1.2 添加音频效果

对素材添加音频特效的方法与视频类似，常用的方法有两种。

方法一：将效果拖曳到素材上，如图8-5所示。

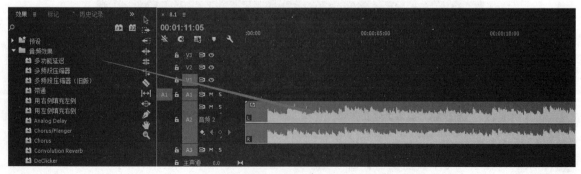

图8-5

方法二：将效果拖曳到【效果控件】面板上，如图8-6所示。

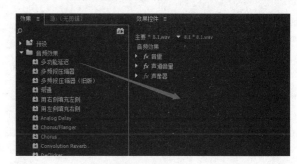

图8-6

8.1.3　修改音频效果参数

添加音频效果后就要为其修改参数，以达到需要的效果，如图8-7所示。

图8-7

8.1.4　音频效果参数动画

修改音频效果属性参数，添加关键帧动画，使其产生的变化效果如图8-8所示。

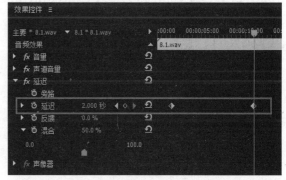

图8-8

8.1.5　复制音频效果

可以将音频效果复制到另一个音频素材上，也可以在同一素材上复制多个音频效果，如图8-9所示。

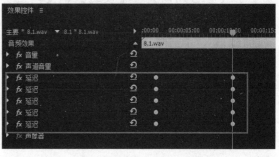

图8-9

8.1.6 搜索音频效果

可以在搜索栏中直接查找需要的音频效果，如图8-10所示。

图8-10

8.2 音频效果特效

音频效果特效可以使音频素材产生特殊的效果变化。【音频效果】文件夹中包含46个音频效果，分别是【多功能延迟】、【多频段压缩器】、【多频段压缩器(旧版)】、【带通】、【用右侧填充左侧】、【用左侧填充右侧】、【Analog Delay】、【Chorus/Flanger】、【Chorus】、【Convolution Reverb】、【DeClicker】、【DeCrackler】、【DeNoiser】、【Distortion】、【Dynamics】、【EQ】、【Flanger】、【Guitar Suite】、【Mastering】、【低通】、【低音】、【PitchShifter】、【Reverb】、【平衡】、【Single-band Compressor】、【Spectral NoiseReduction】、【Surround Reverb】、【Tube-modeled Compressor】、【Vocal Enhancer】、【静音】、【互换声道】、【参数均衡】、【反转】、【声道音量】、【延迟】、【清除齿音】、【清除齿音(旧版)】、【消除嗡嗡声】、【消除嗡嗡声(旧版)】、【消频】、【移相器】、【移相器(旧版)】、【雷达响度计】、【音量】、【高通】和【高音】，如图8-11所示。

图8-11

8.2.1 多功能延迟

【多功能延迟】特效为音频素材添加4层回声效果，其参数设置如图8-12所示。

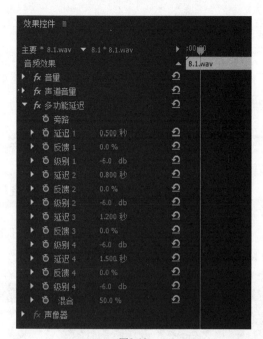

图8-12

8.2.2 带通

【带通】特效是消除音频素材中不需要的高低波段频率，其参数设置如图8-13所示。

※ 参数详解

☆ 中心：设置指定音频的范围。

☆ Q：设置音频的强度。

图8-13

8.2.3 用左侧填充右侧

【用左侧填充右侧】特效是将音频素材左声道的音频信号复制并替换到右声道上，其参数设置如图8-14所示。

图8-14

8.2.4 用右侧填充左侧

【用右侧填充左侧】特效是将音频素材右声道的音频信号复制并替换到左声道上，其参数设置如图8-15所示。

图8-15

8.2.5 Chorus

【Chorus】(合唱)特效是为音频素材添加和声的效果，可以用来模拟一些被演奏出来的声音或乐器声音，其参数设置如图8-16所示。

※ 参数详解

☆ Lfo Type(处理类型)：设置音频特效效果的类型。

☆ Rate(速率)：设置音频特效效果的频率速度。

☆ Depth(加深)：设置效果频率的变化幅度，使效果声音更自然一些。

☆ Mix(混合)：设置音频素材和音频特效效果的混合程度。

☆ FeedBack(回音)：设置音频特效效果的

回音程度。

☆ Delay(延迟)：设置音频特效效果的延迟时间。

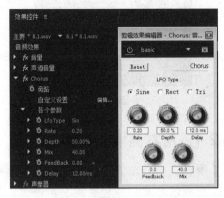

图8-16

8.2.6 DeClicker

【DeClicker】(消除咔嚓声)特效是为音频素材自动降低或消除各种噪音，其中20Hz以下的音频都会被自动消除掉，其参数设置如图8-17所示。

※ **参数详解**

☆ Threshold(阈值)：设置消除噪音的范围。

☆ DePlop(去除程度)：设置消除噪音的程度。

☆ Mode(模式)：设置消除噪音的模式。

☆ Audiotion(试听开关)：设置是否打开消除噪音后的试听模式。

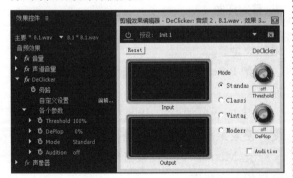

图8-17

8.2.7 DeCrackler

【DeCrackler】(清除爆音)特效是为音频素材自动降低或消除爆炸噪音，其参数设置如图8-18所示。

※ **参数详解**

☆ Threshold(阈值)：设置消除爆炸噪音的范围。

☆ Reduction(降低)：设置消除爆炸噪音的数量。

☆ Audiotion(试听开关)：设置是否打开消除爆炸噪音后的试听模式。

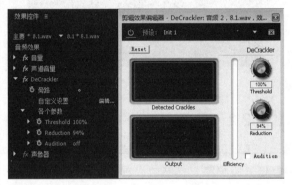

图8-18

8.2.8 DeNoiser

【DeNoiser】(降噪)特效是为音频素材自动降低或消除噪音，其参数设置如图8-19所示。

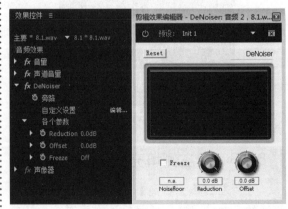

图8-19

※ 参数详解

☆ Reduction(降低)：设置消除噪音的数量。

☆ Offset(偏移)：设置消除噪音的偏移数量。

☆ Freeze(冻结)：设置某一波段的噪音信号值保持不变，可以确定音频素材消除的噪音量。

8.2.9 Dynamics

【Dynamics】(动态)特效是针对音频素材的中频信号进行调节，可以扩大或删除指定范围的音频信号，从而突出主体信号的音量，可以控制声音的柔和程度，其参数设置如图8-20所示。

图8-20

※ 参数详解

☆ Auto Gate(自动切断)：设置去除信号的范围。

☆ Compressor(压缩器)：设置音频效果的柔和级别，并降低高音喧闹声音级别来均衡声音素材的动态范围。

☆ Expander(扩展器)：设置一个频率的浮动范围。

☆ Limit(限展器)：设置音频的峰值。

☆ Soft Clip(柔和器)：设置音频柔和的峰值。

8.2.10 EQ

【EQ】(均衡)特效用于实现音频参数均衡效果，可以设置音频素材中的声音频率、带宽、波段和多重波段均衡效果，其参数设置如图8-21所示。

图8-21

※ 参数详解

☆ Output：设置音频效果补偿过滤效果之后造成的频率波段的增加或减少。

☆ Low、Mid和High：用于设置自定义滤波器的显示或隐藏。

☆ Frequency(频率)：设置音频效果波段增大和减小的数量。

☆ Gain(增益)：设置常量基础之上的频率值，在-20dB～20dB之间调整增益。

☆ Cut：设置需要从滤波器中过滤消除掉的高低频率波段。

☆ Q：设置各个滤波器波频的范围。

8.2.11　Flanger

【Flanger】特效与【Chorus】效果相类似，可以推迟声音时间，并与原始声音素材相混合，以达到理想的效果，其参数设置如图8-22所示。

※　参数详解

☆ Lfo Type(处理类型)：设置音频特效效果的类型。

☆ Rate(速率)：设置音频特效效果的频率速度。

☆ Depth(加深)：设置效果频率的变化幅度。

☆ Mix(混合)：设置音频素材和音频特效效果之间的混合程度。

☆ FeedBack(回音)：设置音频特效效果的回音程度。

☆ Delay(延迟)：设置音频特效效果的延迟时间。

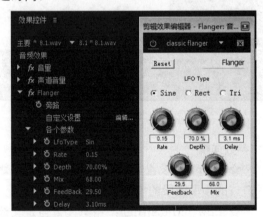

图8-22

8.2.12　低通

【低通】特效是设置音频素材中的指定频率数值，消除低于设定值的低频频率，保留高频频率，可以产生清脆的高音效果，其参数设置如图8-23所示。

图8-23

8.2.13　低音

【低音】特效是用于调整音频素材中的低音分贝音量，改变低音效果，其参数设置如图8-24所示。

※　参数详解

提升：设置音频素材中低音音量的增强或减弱数值。

图8-24

8.2.14　PitchShifter

【PitchShifter】(变调)特效是调整音频素材波形，改变声音基调，从而产生特殊的音调效果，多用来模拟机器人声，其参数设置如图8-25所示。

※　参数详解

☆ Pitch(声调)：设置音调，以半个音程为变化单位。

☆ Fine Tune(微调)：对于音调参数半个音格之间的细微调整。

☆ Formant Preserve(频高限制)：设置限

制，防止产生的爆破音。

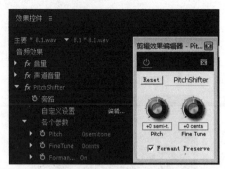

图8-25

8.2.15 Reverb

【Reverb】(混响)特效是模拟房间内的声音效果，通过参数调整模拟房间大小，其参数设置如图8-26所示。

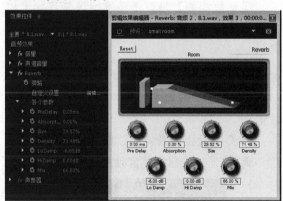

图8-26

※ **参数详解**

☆ Pre Delay(预延迟)：设置用于模拟声音碰撞到墙壁反弹回的时间。

☆ Absorption(吸收)：用于设置声音吸收的比率。

☆ Size(大小)：用于设置模拟房间的大小。

☆ Density(密度)：用于设置反射声音的大小和密度。

☆ Lo Damp(低频衰减)：用于设置低频率的衰减时间。

☆ Hi Damp(高频衰减)：用于设置高频率的衰减时间。

☆ Mix(混合)：设置音频素材和音频特效效果之间的混合程度。

8.2.16 平衡

【平衡】特效是调整音频素材左右声道的音量大小，其参数设置如图8-27所示。

※ **参数详解**

平衡：设置音频素材中左右声道的音量大小。当数值为正数时，可以提高右声道音量并降低左声道音量。当数值为负数时，可以提高左声道音量并降低右声道音量。

图8-27

8.2.17 Single-band Compressor

【Single-band Compressor】(压缩均衡器)特效是用音频中对应的带宽频率来压缩音频声音，其参数设置如图8-28所示。

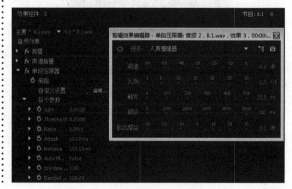

图8-28

8.2.18　Spectral NoiseReduction

【Spectral NoiseReduction】(频谱降噪显示)特效是使用3个过滤器消减噪音，并提供频谱显示，其参数设置如图8-29所示。

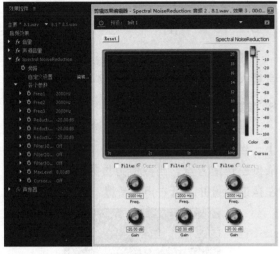

图8-29

8.2.19　静音

【静音】特效是对音频素材或音频素材的左右声道的静音效果进行处理，其参数设置如图8-30所示。

图8-30

※ 参数详解

☆ 静音：设置音频素材的静音效果。

☆ 静音1：设置音频素材的左声道静音效果。

☆ 静音2：设置音频素材的右声道静音

效果。

8.2.20　互换声道

【互换声道】特效是交换音频素材中的左右声道，其参数设置如图8-31所示。

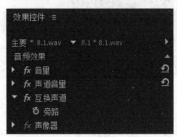

图8-31

8.2.21　参数均衡

【参数均衡】特效是精确地调整音频素材指定范围内的频率波段，其参数设置如图8-32所示。

※ 参数详解

☆ 中心：设置均衡频率波段范围的中心数值。

☆ Q：设置音频特效效果的强度范围。

☆ 提升：设置调整音频素材的音量。

图8-32

8.2.22　反转

【反转】特效是反转声道状态，其参数设置如图8-33所示。

图8-33

8.2.23 声道音量

【声道音量】特效用于设置左右声道音量的大小，其参数设置如图8-34所示。

※ 参数详解

☆ 左：设置音频素材中左声道音量的增强或减弱数值。

☆ 右：设置音频素材中右声道音量的增强或减弱数值。

图8-34

8.2.24 延迟

【延迟】特效是为音频素材添加回声效果，其参数设置如图8-35所示。

图8-35

※ 参数详解

☆ 延迟：设置音频素材与回声效果的间隔时间。

☆ 反馈：设置回声效果的强度。

☆ 混合：设置音频素材与回声效果的混合程度。

8.2.25 清除齿音

【清除齿音】特效用于清除音频素材录制时产生的齿音效果，使人物语言声音更加清楚，其参数设置如图8-36所示。

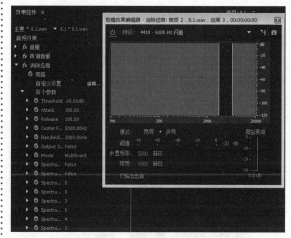

图8-36

8.2.26 清除齿音(旧版)

【清除齿音(旧版)】(De Esser)特效是为音频素材自动降低或消除嘶嘶的声音，其参数设置如图8-37所示。

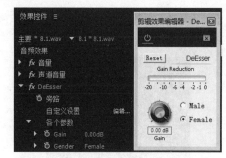

图8-37

※ 参数详解

☆ Gain(增益)：设置消除嘶嘶声的增益程度。

☆ Gender(增益)：设置消除嘶嘶声的性别声音限制。

8.2.27 消除嗡鸣声(旧版)

【消除嗡鸣声(旧版)】(DeHummer)特效是为音频素材自动降低或消除嗡鸣的声音，其参数设置如图8-38所示。

※ 参数详解

☆ Reduction(降低)：设置消除嗡鸣声音的数量。

☆ Frequency(频率)：设置音频效果波段增大和减小的数量。

☆ Filter(级别)：设置音频效果的运算级别。

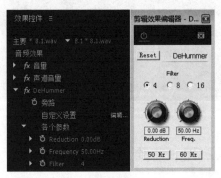

图8-38

8.2.28 消频

【消频】特效是消除音频素材设置范围内的频率波段，其参数设置如图8-39所示。

图8-39

※ 参数详解

☆ 中心：设置音频效果频率波段范围的中心数值。

☆ Q：设置音频特效效果的强度范围。

8.2.29 音量

【音量】特效是调整音频素材音量的大小，其参数设置如图8-40所示。

※ 参数详解

级别：设置音频素材音量的大小。当数值为正数时，可以提高音量；当数值为负数时，则降低音量。

图8-40

8.2.30 高通

【高通】特效设置音频素材中的指定频率数值，消除高于设定值的高频频率，保留低频频率，可以产生浑厚的低音效果，其参数设置如图8-41所示。

图8-41

8.2.31 高音

【高音】特效用于调整音频素材中的高音分贝音量，改变高音效果，其参数设置如图

8-42所示。

图8-42

※ 参数详解

提升：设置音频素材中高音音量的增强或减弱数值。

8.3 音频过渡

音频过渡又称为音频切换，是音频与音频之间的过渡衔接。音频过渡就是前一个音频逐渐减弱，后一个音频逐渐增强的过程。与视频效果一样，有些音频效果也可以产生过渡效果，但音频过渡特效是对单个音频素材的改变，而音频过渡效果特效是对两个音频素材之间的过渡效果进行处理，如图8-43所示。

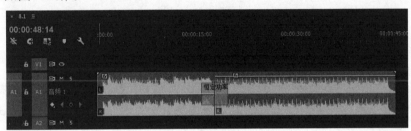

图8-43

8.3.1 编辑音频过渡特效

音频过渡特效的编辑方式与视频过渡特效的编辑方式相类似。

1. 添加、删除/替换音频过渡效果

添加过渡效果，只需将过渡效果拖曳到两个素材之间即可，如图8-44所示。

图8-44

删除音频过渡效果，只需在音频过渡效果上单击鼠标右键，执行右键菜单中的【清除】命令即可，如图8-45所示。

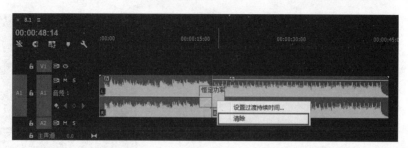

图8-45

　　替换音频过渡效果，只需要将新的过渡效果覆盖在原有的过渡效果之上即可，不必清除先前的过渡效果，如图8-46所示。

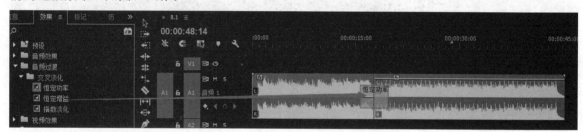

图8-46

2. 修改音频过渡效果的持续时间

　　音频过渡效果的持续时间是可以自由调整的，常用的方法有3种。

　　方法一：在【效果控件】面板中，直接修改数值，或滑动鼠标左键改变数值，如图8-47所示。

　　方法二：对【效果控件】面板上的过渡效果边缘进行拖曳，以改变过渡效果的持续时间，如图8-48所示。

图8-47

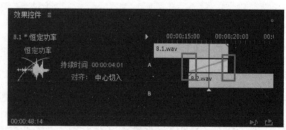

图8-48

　　方法三：对【时间线】面板上的过渡效果边缘进行拖曳，以加长或缩短过渡效果的持续时间，如图8-49所示。

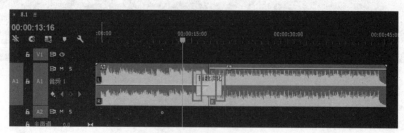

图8-49

3.修改音频过渡效果的作用区域

音频过渡效果的作用区域是可以自由调整的,可以将过渡效果偏向于某个素材方向。在【对齐】选项里包括【中心切入】、【起点切入】、【终点切入】和【自定义起点】4个选项,如图8-50所示。

图8-50

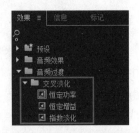

图8-51

☆ 中心切入:添加过渡效果到两个素材的中间处,此为默认对齐方式。

☆ 起点切入:添加过渡效果到第二个素材的开始位置。

☆ 终点切入:添加过渡效果到第一个素材的结束位置。

☆ 自定义起点:通过鼠标拖曳,自定义过渡效果开始和结束的位置。

图8-52

☆【恒定增益】过渡特效是利用曲线变化的方式调整音频素材的音量,形成过渡效果,如图8-53所示。

图8-53

8.3.2 音频过渡特效

音频过渡效果主要是调整音频素材之间的音量变化,从而产生过渡效果。Premiere Pro CC中提供了3个音频过渡效果,分别是【恒定功率】、【恒定增益】和【指数淡化】,如图8-51所示。

☆【恒定功率】过渡特效是利用淡化效果将前一个素材过渡到后一个素材,可以形成声音上淡入淡出的效果,如图8-52所示。

☆【指数淡化】过渡特效是利用线性指数的计算方式,调整音频素材的音量,形成过渡效果,如图8-54所示。

图8-54

8.4 实训案例:女声变男声

8.4.1 案例目的

女声变男声案例是为了加深理解PitchShifter(变调)效果的运用。

8.4.2 案例思路

(1) 将"《8.4春晓》.MP3"素材文件导入到软件项目中。

(2) 利用PitchShifter(变调)效果，将朗读的女声音调变成男声音调。

8.4.3 制作步骤

1. 设置项目

01 打开Premiere Pro CC软件，在【欢迎使用】界面上单击【新建项目】按钮，如图8-55所示。

图8-55

02 在【新建项目】对话框中，输入项目名称为"女声变男声"，并设置项目储存位置，单击【确定】按钮，如图8-56所示。

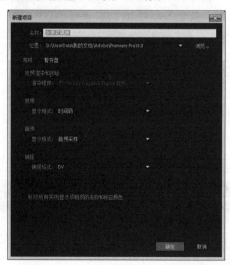

图8-56

03 执行【文件】|【新建】|【序列】命令，在【新建序列】对话框的【序列预设】选项卡中，设置【可用预设】为"HDV 720p25"，【序列名称】为"女声变男声"，如图8-57所示。

图8-57

04 执行【文件】|【导入】|【序列】命令，在【导入】对话框中选择"《8.4春晓》.MP3"素材文件，将其导入，如图8-58所示。

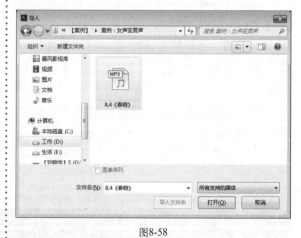

图8-58

2. 制作效果

01 将"《春晓》背景.MP3"素材文件拖曳至音频轨道【A1】上，如图8-59所示。

图8-59

02 激活【效果】面板，将【音频效果】|【PitchShifter】(变调)效果拖曳到"《春晓》背景.MP3"素材文件的【效果控件】面板中，如图8-60所示。

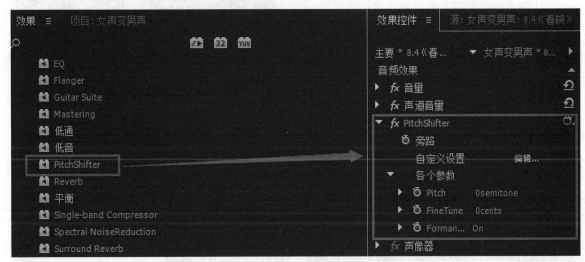

图8-60

03 设置【PitchShifter】的【Pitch】(声调)为-6，【Fine Tune】(微调)为33，【Formant Preserve】(频高限制)为"Off"，如图8-61所示。

图8-61

04 变调效果已经制作完成，可以在【节目监视器】面板上欣赏最终的声音效果。

8.5 实训案例：山谷回声

8.5.1 案例目的

山谷回声案例是为了加深理解在软件中录制声音的方法和延迟效果的运用。

8.5.2 案例思路

(1) 在软件中选择音频轨道录制声音。

(2) 为录制的素材添加延迟效果，模拟山谷回音效果。

8.5.3 制作步骤

1. 设置项目

01 打开Premiere Pro CC软件，在【欢迎使用】界面上单击【新建项目】按钮，如图8-62所示。

图8-62

02 在【新建项目】对话框中，输入项目名称为"山谷回声"，并设置项目储存位置，单击【确定】按钮，如图8-63所示。

03 执行【文件】|【新建】|【序列】命令，在【新建序列】对话框的【序列预设】选项卡中，设置【可用预设】为"HDV 720p25"，【序列名称】为"山谷回声"，如图8-64所示。

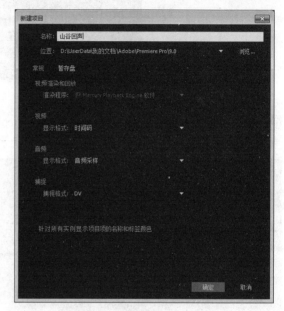

图8-63

图8-64

2. 制作效果

01 打开【音轨混合器】面板，选择音频轨道为"音频1"，设置模式为"写入"，激活【启用轨道以进行录制】按钮R，激活【录制】按钮◎，如图8-65所示。

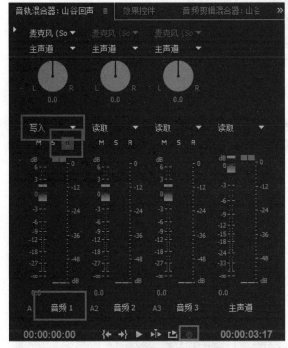

图8-65

02 单击【播放-停止切换(Space)】按钮▶进行录制，如图8-66所示。

图8-66

03 在录制过程中【节目监视器】面板显示为"正在录制…"，如图8-67所示。

图8-67

04 录音结束后，【项目】面板添加"音频1.wav"素材，序列的音频轨道【V1】上显示"音频1.wav"素材，如图8-68所示。

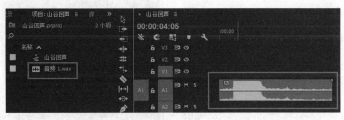

图8-68

05 激活【效果】面板，将【音频效果】|【延迟】命令拖曳到"音频1.wav"素材文件的【效果控件】面板中，如图8-69所示。

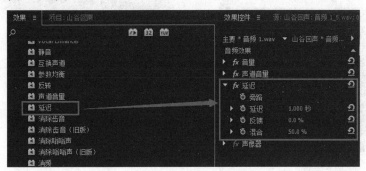

图8-69

06 设置【延迟】的【延迟】为0.500，【反馈】为50.0%，【混合】为50.0%，如图8-70所示。

图8-70

07 回音声音效果已经制作完成，可以在【节目监视器】面板上欣赏最终的声音效果。

| 8.6 实训案例：飞机掠过

8.6.1 案例目的

飞机掠过案例是为了加深理解声道音量和平衡效果的运用。

8.6.2 案例思路

(1) 将"8.5飞机掠过.MP3"素材文件导入到软件项目中。

(2) 利用声道音量和平衡效果，模拟飞机由左向右从头上掠过的效果。

8.6.3 制作步骤

1. 设置项目

01 打开Premiere Pro CC软件，在【欢迎使用】界面上单击【新建项目】按钮，如图8-71所示。

图8-71

02 在【新建项目】对话框中，输入项目名称为"飞机掠过"，并设置项目储存位置，单击【确定】按钮，如图8-72所示。

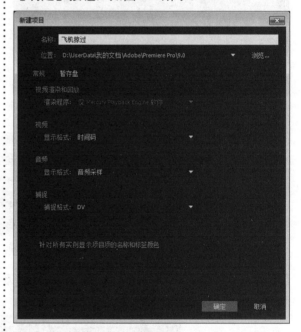

图8-72

03 执行【文件】|【新建】|【序列】命令，在【新建序列】对话框的【序列预设】选项卡中，设置【可用预设】为"HDV 720p25"，【序列名称】为"飞机掠过"，如图8-73所示。

图8-73

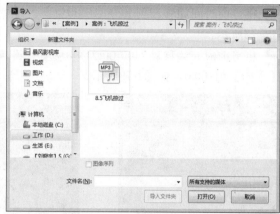

图8-74

04 执行【文件】|【导入】|【序列】命令，在【导入】对话框中选择"8.5飞机掠过.MP3"素材文件，将其导入，如图8-74所示。

2. 设置时间轴序列

01 将"8.5飞机掠过.MP3"素材文件拖曳至【A1】音频轨道上，如图8-75所示。

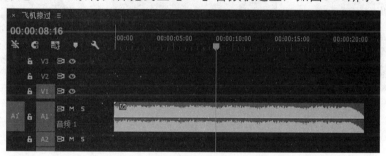

图8-75

02 激活【效果】面板，将【音频效果】|【声道音量】和【平衡】效果拖曳到"8.5飞机掠过.MP3"素材文件的【效果控件】面板中，如图8-76所示。

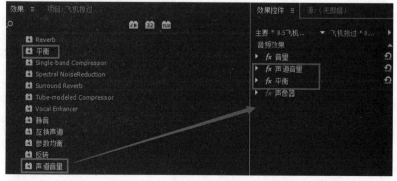

图8-76

3. 设置声道变化

01 将当前时间线移动到00:00:00:00位置，设置【声道音量】的【右】为-∞，设置【平衡】的【平衡】为-100.0，如图8-77所示。

02 将当前时间线移动到00:00:10:00位置，设置【声道音量】的【左】为0.0，【右】为0.0，如图8-78所示。

03 将当前时间线移动到00:00:21:08位置，设置【声道音量】的【左】为-∞，设置【平衡】的【平衡】为100.0，如图8-79所示。

图8-77

图8-78

图8-79

04 飞机由左向右掠过的效果已经制作完成，可以在【节目监视器】面板上欣赏最终的声音效果。

第9章

字幕效果

字幕是视频作品中的重要组成部分，可以起到加强内容表达、美化画面的效果。字幕能够快速而有效地向观众传递信息，一般情况下可以为视频作品添加片头名称、片尾名单和对白台词等。现在视频作品越来越美观，字幕也可以起到装饰画面的效果。Premiere Pro CC中设置了单独的字幕功能面板，提供了强大的字幕设置属性，使用户制作起来更为方便和快捷。

9.1 添加字幕面板

字幕是视频中的重要组成元素，用户可在Premiere Pro CC中自主创建该素材。Premiere Pro CC中还为其提供了独立于音视频之外的面板，以方便用户进行操作。在字幕面板中可以创建静态和动态两种字幕类型。

9.1.1 添加字幕

在Premiere Pro CC中添加字幕的方法有4种。

方法一：通过【文件】菜单命令添加字幕

在菜单栏中执行【文件】|【新建】|【标题】命令，添加字幕，如图9-1所示。

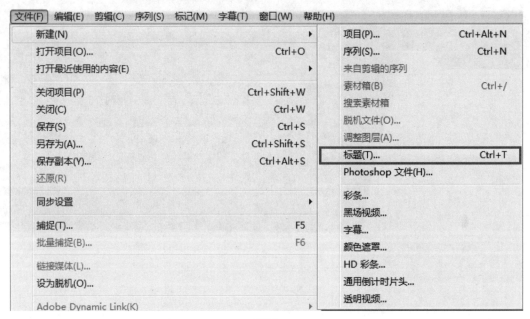

图9-1

方法二：通过【字幕】菜单命令添加字幕

在菜单栏中执行【字幕】|【新建字幕】|【默认静态字幕】命令，添加静态字幕，如图9-2所示。

图9-2

方法三：通过【新建项】按钮添加字幕

单击【项目】面板右下方的【新建项】按钮 ，在弹出列表中，选择【字幕】命令，如图9-3所示。

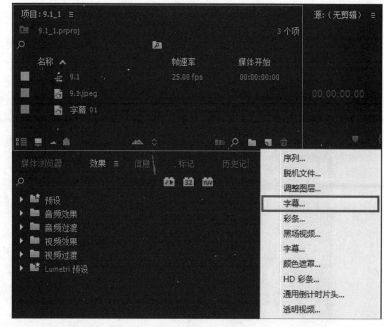

图9-3

方法四：通过【项目】面板添加字幕

在【项目】面板中单击鼠标右键，执行右键菜单中的【新建项目】|【字幕】命令，如图9-4所示。

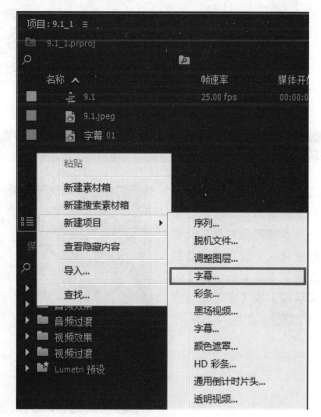

图9-4

9.1.2 字幕工作区

创建字幕后，就会弹出【字幕】面板，【字幕】面板中包括【字幕】、【字幕工具】、【字幕动作】、【字幕属性】和【字幕样式】5个子面板，如图9-5所示。

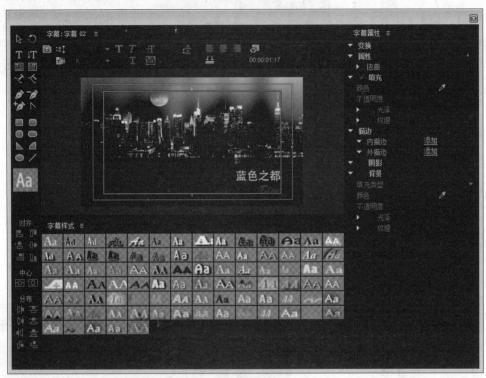

图9-5

9.2 字幕

【字幕】面板是文本和图形对象的编辑操作区域，可以创建文本或图形对象，设置对象的变化，可以直观地看到变化效果。字幕面板分为【效果设置区域】和【字幕编辑窗口】两个部分，如图9-6所示。

图9-6

9.2.1 效果设置区域

效果设置区域可以设置字幕的运动类型、字体属性和视频背景等，如图9-7所示。

图9-7

※ 工具详解

☆ <u>字幕:字幕 01 ≡</u>字幕列表：用于字幕文件之间的切换。在有多个字幕的时候，可以在不关闭【字幕】面板的情况下，进行字幕文件间的快速切换。

☆ 基于当前字幕新建新字幕：用于在当前字幕的基础上创建新的字幕，如图9-8所示。

图9-8

☆ 滚动/游动选项：用于设置字幕的类型、方向和时间，如图9-9所示。

☆ 模板：用于为字体添加模板。

☆ <u>微软雅黑 ▼</u>字体：设置字体。从下拉列表中选择需要的字体。

☆ <u>Bold ▼</u>样式：设置字体样式。

☆ 粗体：设置文本对象为粗体。

☆ 斜体：设置文本对象为斜体。

☆ 下划线：为文本对象添加下划线。

☆ 大小：设置字号大小。

☆ 字偶间距：设置文本字符之间的距离。

☆ 行距：设置段落文本中行与行之间的距离。

☆ 靠左：设置文本为靠左对齐。

☆ 居中：设置文本为居中对齐。

☆ 靠右：设置文本为靠右对齐。

☆ 制表位：设置段落文本的制表位，对段落文本进行排列的格式化处理。

☆ 显示背景视频：设置【字幕编辑窗口】所显示图像的当前时间帧位置的图像。

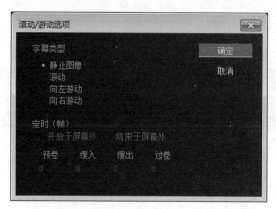

图9-9

9.2.2　字幕编辑窗口

　　【字幕编辑窗口】是对字幕编辑操作的主要区域，可以实时查看编辑效果。【字幕编辑窗口】显示有动作安全框和字幕安全框，如图9-10所示。

图9-10

9.3　字幕工具

　　【字幕工具】面板中放置了制作和编辑字幕时所需要的工具，并将这些工具根据其功能作用方式不同，划分为4个区域，分别是选择文本、制作文本、编辑文本和绘制图形，如图9-11所示。

图9-11

※ 工具详解

☆ ▶选择工具：用于在【字幕编辑窗口】中选择文本或图形对象，选择后可对文本或图形对象进行移动和缩放操作，配合键盘上的Shift键使用，可以加选对象。

☆ ◑旋转工具：用于在【字幕编辑窗口】中旋转文本或图形对象，主要是对对象周边的6个控制点进行操作。

☆ T文字工具：用于在【字幕编辑窗口】中输入水平方向的文本。

☆ IT垂直文字工具：用于在【字幕编辑窗口】中输入垂直方向的文本。

☆ 区域文字工具：用于在【字幕编辑窗口】中输入水平方向的段落文本。段落文本会出现在拖动的矩形区域中，文本属性的变化不会改变矩形区域的大小。

☆ 垂直区域文字工具：用于在【字幕编辑窗口】中输入垂直方向的段落文本。段落文本会出现在拖动的矩形区域中，文本属性的变化不会改变矩形区域的大小。

☆ 路径文字工具：用于在【字幕编辑窗口】中创建一条曲线路径，文本平行于路径而创建。

☆ 垂直路径文字工具：用于在【字幕编辑窗口】中创建一条曲线路径，文本垂直于路径而创建。

☆ 钢笔工具：用于在【字幕编辑窗口】中创建或调整曲线。

☆ 删除锚点工具：用于删除曲线上所单击的控制锚点。

☆ 添加锚点工具：用于增加曲线上的控制锚点。

☆ 转换锚点工具：用于调整曲线上的控制锚点，单击锚点可以调整锚点两侧曲线的平滑程度。

☆ 矩形工具：用于在【字幕编辑窗口】中绘制直角矩形，配合键盘上的Shift键使用，可以绘制正方形。

☆ 圆角矩形工具：用于在【字幕编辑窗口】中绘制圆角矩形。

☆ 切角矩形工具：用于在【字幕编辑窗口】中绘制切角矩形。

☆ 圆边矩形工具：用于在【字幕编辑窗口】中绘制边为圆形的矩形。配合键盘上的Shift键使用，可以绘制圆形。

☆ 楔形工具：用于在【字幕编辑窗口】中绘制三角形。

☆ 弧形工具：用于在【字幕编辑窗口】中绘制圆弧形。

☆ 椭圆形工具：用于在【字幕编辑窗口】中绘制椭圆形。

☆ 直线工具：用于在【字幕编辑窗口】中绘制直线。

9.4 字幕动作

【字幕动作】面板主要用于对所选择对象的对齐和分布方式进行调整，并分为3个区域，分别是

【对齐】、【中心】和【分布】，如图9-12所示。

图9-12

9.4.1 对齐

【对齐】区域里的工具主要是调整所选择的多个对象的排列对齐方式，如图9-13所示。

图9-13

※ **工具详解**

☆ ▥ 水平靠左：设置所选择对象在水平方向上，以最左侧对象的左边线为基准进行对齐。

☆ ▤ 垂直靠上：设置所选择对象在垂直方向上，以最上方对象的顶边线为基准进行对齐。

☆ ▥ 水平居中：设置所选择对象在水平方向上，以最中间对象的中线为基准进行对齐。

☆ ▤ 垂直居中：设置所选择对象在垂直方向上，以最中间对象的中线为基准进行对齐。

☆ ▥ 水平靠右：设置所选择对象在水平方向上，以最右侧对象的右边线为基准进行对齐。

☆ ▤ 垂直靠下：设置所选择对象在垂直方向上，以最下方对象的下边线为基准进行对齐。

9.4.2 中心

【中心】区域里的工具主要是调整所选择对象与屏幕的居中对齐方式，如图9-14所示。

图9-14

※ **工具详解**

☆ ▣ 垂直居中：设置所选择对象在垂直方向上，居中于屏幕中心。

☆ ▣ 水平居中：设置所选择对象在水平方向上，居中于屏幕中心。

9.4.3 分布

【分布】区域里的工具设置所选择对象按照指定的方式排列分布，如图9-15所示。

图9-15

※ **工具详解**

☆ ▥ 水平靠左：设置所选择的多个对象在水平方向上，进行左边对齐分布，并使对象之间的左边间隔距离保持一致。

☆ ▤ 垂直靠上：设置所选择的多个对象在垂直方向上，进行顶边对齐分布，并使对象之间的顶边间隔距离保持一致。

☆ 🔲水平居中：设置所选择的多个对象在水平方向上，进行居中对齐分布，并使对象之间的间隔距离保持一致。

☆ 🔲垂直居中：设置所选择的多个对象在垂直方向上，进行居中对齐分布，并使对象之间的间隔距离保持一致。

☆ 🔲水平靠右：设置所选择的多个对象在水平方向上，进行右边对齐分布，并使对象之间的右边间隔距离保持一致。

☆ 🔲垂直靠下：设置所选择的多个对象在垂直方向上，进行底边对齐分布，并使对象之间的底边间隔距离保持一致。

☆ 🔲水平等距间隔：设置所选择的多个对象在水平方向上，进行平均对齐分布，并使对象之间的间隔距离保持一致。

☆ 🔲垂直等距间隔：设置所选择的多个对象在垂直方向上，进行平均对齐分布，并使对象之间的间隔距离保持一致。

9.5　字幕样式

【字幕样式】是Premiere Pro CC提供的一些常用的文本预设样式。在对文本进行操作时，可以方便快捷地添加样式，也可以自行定义新的样式或导入外部样式，以方便使用，如图9-16所示。

设置一个文本样式效果后，单击【字幕样式】栏右侧的菜单按钮▤，将弹出快捷菜单，如图9-17所示。

图9-16　　　　　　　　　　　　　　　　　　　　　图9-17

※ 命令详解

☆ 新建样式：新建一个新的文本样式，并可以保存在【字幕样式】中。

☆ 应用样式：文本应用设置好的当前样式。

☆ 应用带字体大小的样式：文本应用样式的字号大小。

☆ 仅应用样式颜色：文本应用样式时，只应用该样式的颜色属性。

☆ 复制样式：复制所选择的文本样式。

☆ 删除样式：删除所选择的文本样式。

☆ 重命名样式：重新命名所选择的文本样式，如图9-18所示。

☆ 重置样式库：用系统默认样式库替换当前样式库。

☆ 追加样式库：添加新的样式。

☆ 保存样式库：将设置好的样式库重新保存到硬盘上，以方便随时调用。

☆ 替换样式库：将当前样式库替换原先的样式库。

☆ 仅文本：在样式库中仅显示样式的名称，如图9-19所示。

☆ 小缩略图：以小图标显示样式效果。

☆ 大缩略图：以大图标显示样式效果。

图9-18

图9-19

9.6 字幕属性

【字幕属性】设置字幕文本的属性从而改变其效果。【字幕属性】分为6个部分，分别是

【变换】、【属性】、【填充】、【描边】、【阴影】和【背景】，如图9-20所示。

图9-20

9.6.1 变换

【变换】部分用于设置文本对象的不透明度、位置、大小和旋转属性，如图9-21所示。

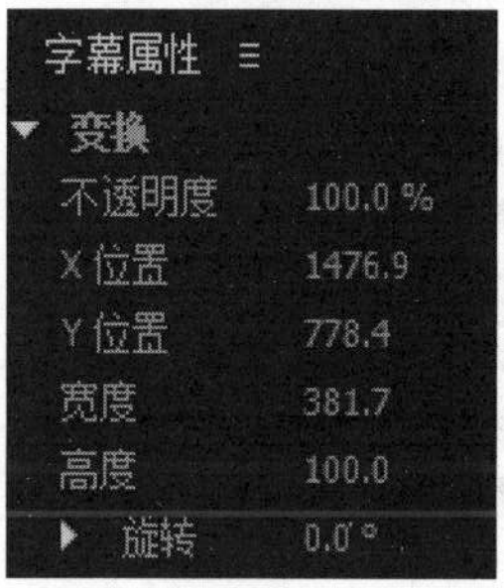

图9-21

※ 参数详解

☆ 不透明度：设置文本对象的透明程度。

☆ X位置：设置文本对象的位置横坐标数值。

☆ Y位置：设置文本对象的位置纵坐标数值。

☆ 宽度：设置文本对象的水平宽度。

☆ 高度：设置文本对象的水平高度。

☆ 旋转：设置文本对象的旋转角度。

9.6.2 属性

【属性】部分用于设置文本对象的字体、字体样式、字体大小、高宽比、行距和倾斜等属性，如图9-22所示。

图9-22

※ 参数详解

☆ 字体系列：设置文本对象的字体。

☆ 字体样式：设置文本对象的字体样式，包括【粗体】、【粗体倾斜】、【倾斜】、【常规】、【半粗体】和【半粗体倾斜】6个选项，如图9-23所示。

图9-23

☆ 字体大小：设置文本对象的大小，默认为100。

☆ 宽高比：设置文本对象的高度和宽度的比例程度，默认为100%。

☆ 行距：设置文本对象行与行之间的距离。

☆ 字偶间距：设置文本对象的字间距。

☆ 字符间距：在【字偶间距】设置的基础上，进一步设置文字的字距。

☆ 基线位移：设置文本对象基线的位置。

☆ 倾斜：设置文本对象的倾斜角度，默认为100%。

☆ 小型大写字母：勾选选项，设置文本对象的英文字母。

☆ 小型大写字母大小：设置文本对象英文字母的大小。

☆ 下划线：勾选选项，为文本对象的下方添加下划线。

☆ 扭曲：设置文本对象的扭曲属性，对于图形对象而言可以会有更多的参数设置。

9.6.3 填充

【填充】部分用于设置文本或图形对象的填充属性，从而改变其效果。【填充】部分包括【填充类型】、【颜色】、【不透明度】、【光泽】和【纹理】5个属性，如图9-24所示。

1. 填充类型

【填充类型】指设置文本或图形对象填充的类型，包括【实底】、【线性渐变】、【径向渐变】、【四色渐变】、【斜面】、【消除】和【重影】7个选项，如图9-25所示。

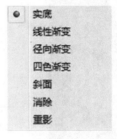

图9-24   图9-25

※ **参数详解**

☆ 实底：为文本或图形对象填充的一种颜色。

☆ 线性渐变：为文本或图形对象填充线性渐变的两种颜色。

☆ 径向渐变：为文本或图形对象填充由一点向周围渐变的两种颜色。

☆ 四色渐变：为文本或图形对象填充四角向中心渐变的四种颜色。

☆ 斜面：为文本或图形对象添加斜面浮雕效果，通过参数设置改变浮雕效果，如图9-26所示。

图9-26

☆ 消除：消除文字或图形对象的填充效果，只显示不被对象遮挡住的阴影和描边等效果，如图9-27所示。

图9-27

☆ 重影：消除文字或图形对象的填充效果，只显示阴影和描边等效果。与【消除】效果所不同的是，被对象遮挡的部分也会显示，如图9-28所示。

图9-28

2. 颜色

颜色：设置文本或图形对象的填充颜色。

3. 不透明度

不透明度：设置文本或图形对象填充的透明程度。

4. 光泽

光泽：勾选选项，为文本或图形对象添加光泽效果，如图9-29所示。

※ 参数详解

☆ 颜色：设置文本或图形对象光泽的颜色。

☆ 不透明度：设置文本或图形对象光泽的透明程度。

☆ 大小：设置文本或图形对象光泽的大小。

☆ 角度：设置文本或图形对象光泽的旋转角度。

☆ 偏移：设置文本或图形对象光泽的位置。

☆ 纹理：设置文本或图形对象光泽的纹理，设置属性改变效果。

图9-29

5. 纹理

☆ 纹理：勾选选项，为文本或图形对象添加纹理效果，如图9-30所示。

图9-30

※ **参数详解**

☆ 纹理：设置文本或图形对象的纹理图片。

☆ 随机对象翻转：勾选选项，当对象被翻转后，添加的纹理也会一起翻转。

☆ 随机对象旋转：勾选选项，当对象被旋转后，添加的纹理也会一起旋转。

☆ 缩放：设置纹理图片横纵轴缩放的大小，默认为平铺填满对象。

☆ 对齐：设置纹理图片横纵轴坐标位置，调整填充对象的位置。

☆ 混合：设置填充色与纹理图片进行混合。

9.6.4 描边

【描边】部分用于设置文本或图形对象的描边属性，添加描边效果。【描边】部分包括【内描边】和【外描边】两个属性，如图9-31所示。

图9-31

1. 内描边

☆ 内描边：为文本或图形对象的形状边缘内侧添加描边效果，【描边类型】包括【深度】、【边缘】和【凹进】3个选项，如图9-32所示。

图9-32

※ **参数详解**

☆ 深度：这是正常的描边效果，为默认设置，如图9-33所示。

☆ 边缘：使对象产生一定的厚度，模拟立体字效果，如图9-34所示。

☆ 凹进：使对象产生一个分离的面，如图9-35所示。

图9-33

图9-34

图9-35

2．外描边

外描边：为文本或图形对象的形状边缘外侧添加描边效果，属性参数与【内描边】相同。

9.6.5 阴影

【阴影】部分用于设置文本或图形对象的阴影属性，添加阴影效果，如图9-36所示。

图9-36

※ 参数详解

☆ 颜色：设置文本或图形对象阴影的颜色。

☆ 不透明度：设置文本或图形对象阴影的透明程度。

☆ 角度：设置文本或图形对象阴影的投射角度。

☆ 距离：设置文本或图形对象与阴影之间的距离。

☆ 大小：设置文本或图形对象阴影的大小。

☆ 扩展：设置文本或图形对象阴影扩展的柔和程度。

9.6.6 背景

【背景】部分用于设置字幕的背景效果，
如图9-37所示。

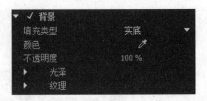

图9-37

9.7 滚动字幕

【滚动字幕】是区别于静止字幕的动态字
幕，具有运动的效果，如图9-38所示。滚动字
幕多用于影片的开始和结束的位置。

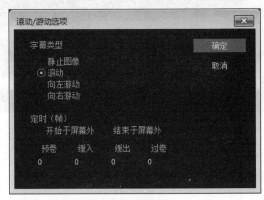

图9-38

※ **参数详解**

☆ 静止图像：设置字幕为静态，此为默认设置。

☆ 滚动：设置字幕从下向上地垂直滚动显示。

☆ 向左游动：设置字幕从右向左地横向游动显示。

☆ 向右游动：设置字幕从左向右地横向游动显示。

☆ 开始于屏幕外：勾选选项，设置字幕从屏幕外开始进入画面。

☆ 结束于屏幕外：勾选选项，设置字幕移动出屏幕外结束。

☆ 预卷：设置停留多长时间后，字幕开始运动。

☆ 缓入：设置字幕运动开始时由慢到快的时长。

☆ 缓出：设置字幕运动结束前由快到慢的时长。

☆ 过卷：设置字幕结束前静止时长。

9.8 实训案例：动画海报

9.8.1 案例目的

动画海报案例是为了加深理解路径字幕和字幕属性的设置，了解字幕对齐和字幕排列的
方法。

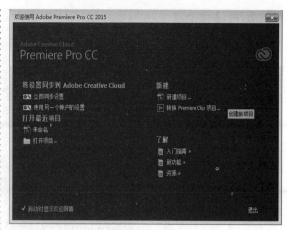

9.8.2 案例思路

(1) 将"功夫熊猫.jpg"素材文件作为背景，新建静态字幕。

(2) 制作路径字幕和3个普通字幕文本。

(3) 利用字幕属性，设计文本样式。

(4) 利用字幕动作，将字幕进行对齐排列。

9.8.3 制作步骤

1. 设置项目

01 打开Premiere Pro CC软件，在【欢迎使用】界面上单击【新建项目】按钮，如图9-39所示。

图9-39

02 在【新建项目】对话框中，输入项目名称为"动画海报"，并设置项目储存位置，单击【确定】按钮，如图9-40所示。

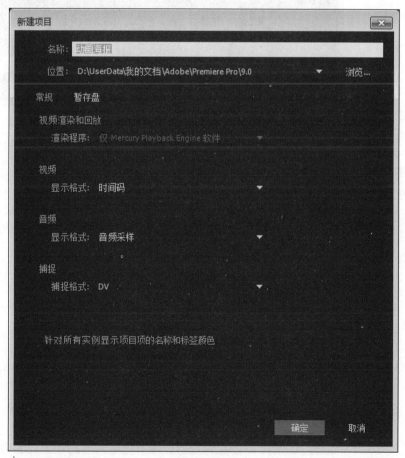

图9-40

03 执行【文件】|
【新建】|【序列】
命令，在【新建序
列】对话框中【设
置】选项卡中，设
置【编辑模式】为
"自定义"，【时
基】为"25.00帧/
秒"，【帧大小】为
1920×1200，【像素
长宽比】为"方形
像素(1.0)"，【序
列名称】为"动画
海报"，如图9-41
所示。

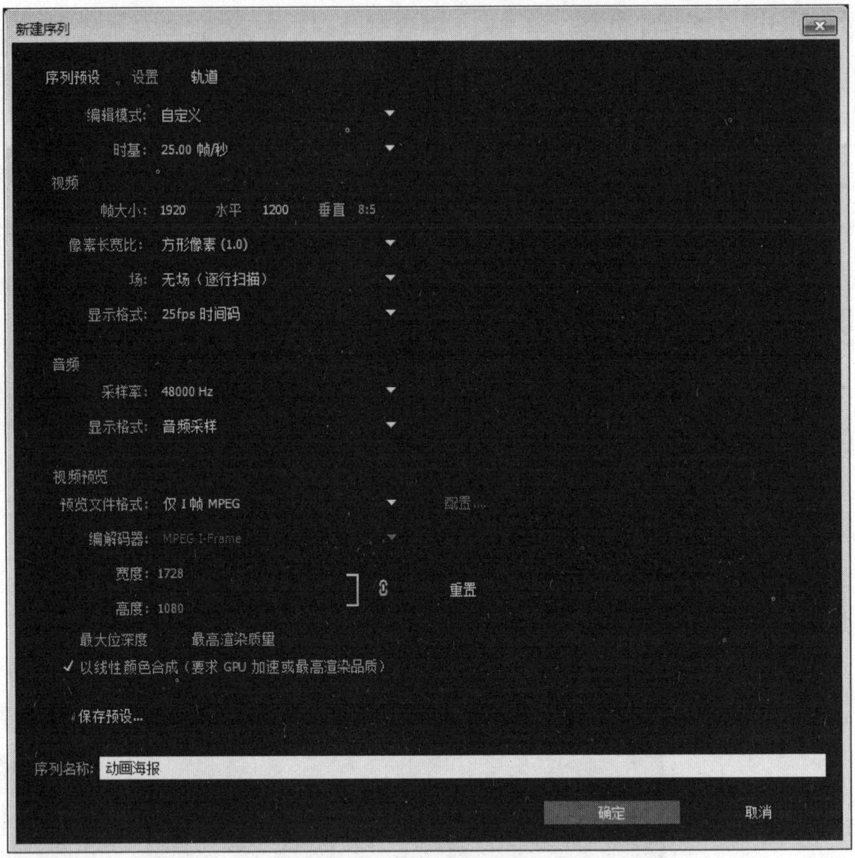

图9-41

04 执行【文件】|
【导入】|【序列】
命令，在【导入】
对话框中选择"功
夫熊猫.jpg"素材文
件，将其导入，如
图9-42所示。

图9-42

2. 设置时间轴序列

将"功夫熊猫.jpg"素材文件拖曳至【V1】视频轨道上，如图9-43所示。

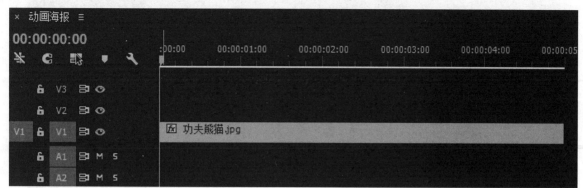

图9-43

3. 设置路径字幕

01 执行【字幕】|【新建字幕】|【默认静态字幕】命令，如图9-44所示。

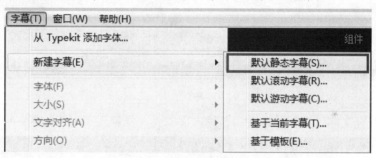

图9-44

02 在【新建字幕】对话框中，设置名称为"海报字幕"，如图9-45所示。

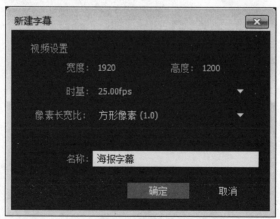

图9-45

03 在【字幕】面板中，利用【垂直路径文字工具】创建文本路径，利用锚点工具调整路径形状，如图9-46所示。

图9-46

04 使用【垂直路径文字工具】创建文本，输入文本为"雄霸天下"，如图9-47所示。

图9-47

05 设置【属性】的【字体系列】为"微软雅黑",【字体大小】为121.0,【字体样式】为"Black",【字符间距】为46.0,【基线位移】为-100.0。设置【填充】的【填充类型】为"斜面",【高光颜色】为(233,30,36),【阴影颜色】为(238,143,30),【大小】为32.0,如图9-48所示。

图9-48

06 添加【外描边】选项,设置【类型】为"边缘",【大小】为40.0,【填充类型】为"实底",【颜色】为(0,0,0),【不透明度】为100%,如图9-49所示。

图9-49

4. 设置标题字幕1

01 使用【文字工具】创建文本,输入文本为"KUNG FU",如图9-50所示。

图9-50

02　设置【属性】的【字体系列】为"Arial"，【字体样式】为"Black"，【字体大小】为87.0，如图9-51所示。

03　设置【填充】的【填充类型】为"实底"，【颜色】为(245,177,31)，【不透明度】为100%，如图9-52所示。

04　勾选【阴影】选项，设置【颜色】为(0,0,0)，【不透明度】为50%，【角度】为-180.0°，【距离】为15.0，【大小】为70.0，【扩展】为50.0，如图9-53所示。

图9-51

图9-52

图9-53

5. 设置标题字幕2

`01` 使用【文字工具】创建文本，输入文本为"PANDA"，如图9-54所示。

图9-54

`02` 设置【属性】的【字体系列】为"Arial"，【字体样式】为"Black"，【字体大小】为164.0，如图9-55所示。

`03` 设置【填充】的【填充类型】为"实底"，【颜色】为(210,0,0)，【不透明度】为100%，如图9-56所示。

`04` 勾选【阴影】选项，设置【颜色】为(255,210,0)，【不透明度】为70%，【角度】为-180.0°，【距离】为15.0，【大小】为0.0，【扩展】为0.0，如图9-57所示。

图9-55   图9-56   图9-57

6. 设置标题字幕3

01 使用【文字工具】创建文本，输入文本为"功夫熊猫"，如图9-58所示。

图9-58

02 设置【属性】的【字体系列】为"微软雅黑"，【字体样式】为"Bold"，【字体大小】为185.7，如图9-59所示。

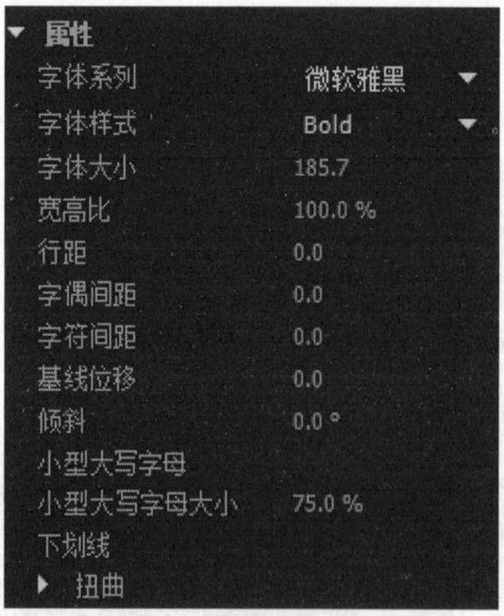

图9-59

03 设置【填充】的【填充类型】为"实底"，【颜色】为(210,0,0)，【不透明度】为100%，如图9-60所示。

图9-60

04 添加【内描边】选项，设置【类型】为"深度"，【大小】为9.0，【角度】为270.0°，【填充类型】为"实底"，【颜色】为(255,255,0)，【不透明度】为100%，如图9-61所示。

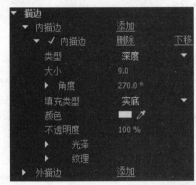

图9-61

05 勾选【阴影】选项，设置【颜色】为(0,0,0)，【不透明度】为70%，【角度】为-180.0°，【距离】为15.0，【大小】为24.0，【扩展】为0.0，如图9-62所示。

图9-62

7. 调整标题字幕位置

01 使"KUNG FU"文本在"PANDA"文本之上显示。在"KUNG FU"标题文本上，执行右键菜单中的【排列】|【移到最前】命令，如图9-63所示。

图9-63

02 利用【选择工具】选中3个标题文本，再利用【水平居中】工具，将其中心对齐，如图9-64所示。

图9-64

8. 设置字幕时间轴序列

关闭"海报字幕"字幕面板，将【项目】面板中的"海报字幕"字幕拖曳至视频轨道【V2】上，并与视频轨道【V1】素材对齐，如图9-65所示。

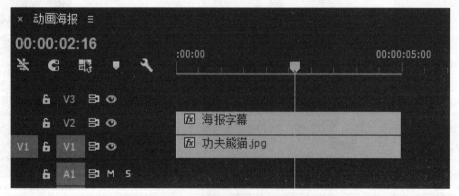

图9-65

9. 查看最终效果

在【节目监视器】面板上查看最终效果，如图9-66所示。

图9-66

9.9 实训案例：《念奴娇·赤壁怀古》

9.9.1 案例目的

《念奴娇·赤壁怀古》案例是为了加深理解滚动字幕和字幕属性的设置。

9.9.2 案例思路

(1) 使背景和字幕素材与音频素材的时间长度相同，形成音画同步。

(2) 设置字幕为滚动播放，并形成出画入画的效果。

(3) 设置字幕效果与画面相符合。

9.9.3 制作步骤

1. 设置项目

01 打开Premiere Pro CC软件，在【欢迎使用】界面上单击【新建项目】按钮，如图9-67所示。

图9-67

02 在【新建项目】对话框中，输入项目名称为"《念奴娇·赤壁怀古》"，并设置项目储存位置，单击【确定】按钮，如图9-68所示。

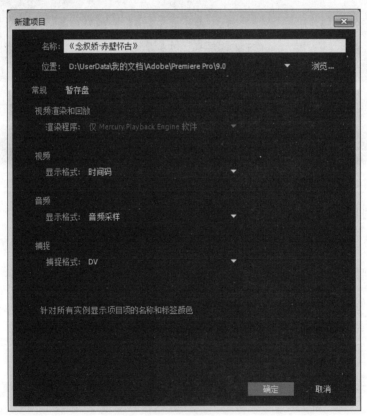

图9-68

03 执行【文件】|【新建】|【序列】命令，在【新建序列】对话框的【序列预设】选项卡中，设置【可用预设】为"HDV 720p30"，【序列名称】为"《念奴娇·赤壁怀古》"，如图9-69所示。

图9-69

04 执行【文件】|【导入】|【序列】命令，在【导入】对话框中选择"《念奴娇·赤壁怀古》背景.jpg"和"《念奴娇·赤壁怀古》.MP3"素材文件，将其导入，如图9-70所示。

图9-70

2. 设置时间轴序列

01 分别将"《念奴娇·赤壁怀古》背景.jpg"和"《念奴娇·赤壁怀古》.MP3"素材文件拖曳至音视频轨道上，如图9-71所示。

图9-71

02 选择视频轨道【V1】上的"《念奴娇·赤壁怀古》背景.jpg"素材，执行右键菜单中的【缩放为帧大小】命令，如图9-72所示。

图9-72

3. 设置字幕滚动

01 执行【字幕】|【新建字幕】|【默认静态字幕】命令，如图9-73所示。

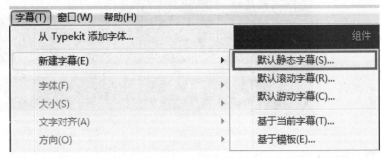

图9-73

02 在【字幕】面板中，利用文本工具创建字幕文本，并输入"《念奴娇·赤壁怀古》.txt"内容，如图9-74所示。

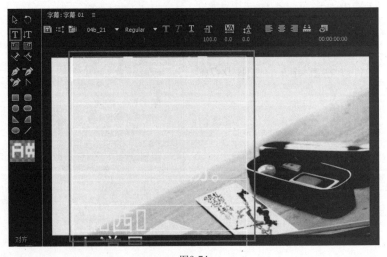

图9-74

03 设置【滚动/游动选项】，设置【字幕类型】为"滚动"，勾选【定时(帧)】的【开始于屏幕外】和【结束于屏幕外】选项，如图9-75所示。

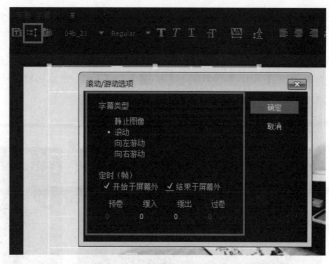

图9-75

4．设置字幕属性

01 设置【属性】的【字体系列】为"叶根友毛笔行书2.0版"，【字体大小】为66.0，【行距】为36.0，如图9-76所示。

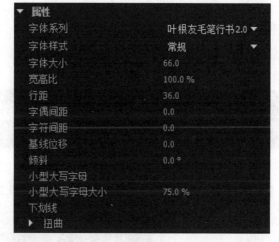

图9-76

02 设置【填充】的【填充类型】为"实底"，【颜色】为(0,0,0)，【不透明度】为100%，如图9-77所示。

图9-77

03 勾选【光泽】选项，设置【颜色】为(255,255,255)，【不透明度】为50%，【大小】为47.0，【角度】为315.0，【偏移】为121.0，如图9-78所示。

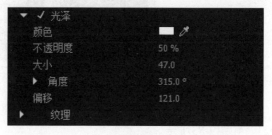

图9-78

04 添加【外描边】选项，设置【类型】为"边缘"，【大小】为10.0，【填充类型】为"实底"，【颜色】为(0,0,0)，【不透明度】为100%，如图9-79所示。

05 勾选【阴影】选项，设置【颜色】为(0,0,0)，【不透明度】为50%，【角度】为100.0，【距离】为10.0，【大小】为0.0，【扩展】为30.0，如图9-80所示。

图9-79   图9-80

5. 设置素材持续时间

01 选择视频轨道【V1】上的"《念奴娇·赤壁怀古》背景.jpg"素材，执行右键菜单中的【速度/持续时间】命令，如图9-81所示。

图9-81

02 设置【速度/持续时间】的【持续时间】为00:01:16:21，如图9-82所示。

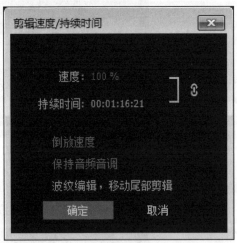

图9-82

03 将"字幕1"素材拖曳至视频轨道【V2】上，并设置【速度/持续时间】的【持续时间】为00:01:16:21，如图9-83所示。

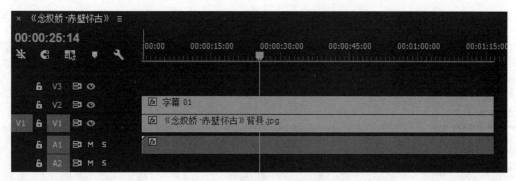

图9-83

6. 查看最终效果

在【节目监视器】面板上查看最终动画效果，如图9-84所示。

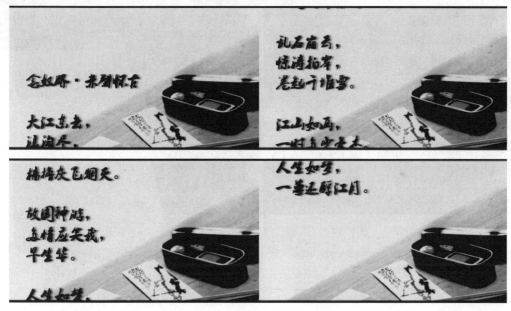

图9-84

第10章

视频输出

输出是后期影视编辑的最后一个环节，是软件制作的最终目的，选择一种适合的输出方式尤为重要。在Premiere Pro CC中制作完成一部影片后，用户就要根据需求选择是导出与其他软件交互的交换文件，还是输出最终保存的影视图像文件，以方便交流观赏。无论是导出还是输出，都有很多种格式选择，学习各种格式的特点，选择最佳方式。

10.1 导出文件

Premiere Pro CC中提供了多种导出格式，可以根据需要选择导出类型，以方便保存观赏或在其他软件中再次编辑使用。

在【文件】|【导出】里选择文件输出的类型，输出类型包括：媒体、字幕、磁带、EDL、OMF和Final Cut Pro XML等，如图10-1所示。

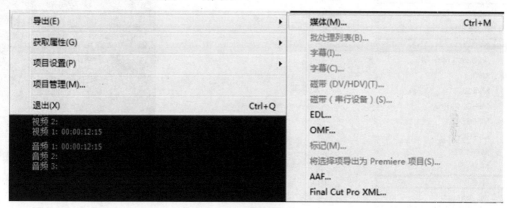

图10-1

☆ 媒体：打开【导出设置】对话框，设置媒体输出的各种格式。

☆ 批处理列表：设置多个输出文件，对它们进行批处理输出。

☆ 字幕：导出Premiere Pro CC软件中创建的字幕文件。

☆ 磁带：将音视频文件导出到专业录像设备的磁带上。

☆ EDL(编辑决策列表)：导出一个描述剪辑过程的数据文件，以方便导入到其他软件中再次编辑。

☆ OMF(公开媒体框架)：可以将激活的音频轨道输出为OMF格式，以方便导入到其他软件中再次编辑。

☆ AAF(高级制作格式)：导出为较为通用的AAF格式，以方便导入到其他软件中再次编辑。

☆ Final Cut Pro XML(Final Cut Pro交换文件)：导出数据文件，以方便导入到苹果平台的Final Cut Pro剪辑软件上再次编辑。

10.2 输出单帧图像

在Premiere Pro CC中，可以对素材文件中的任何一帧进行单独输出，输出为静态图片格式，常用的格式有BMP、JPEG和PNG等，如图10-2所示。输出单帧图像的具体步骤如下。

01 执行【文件】|【导出】|【媒体】命令，如图10-3所示。

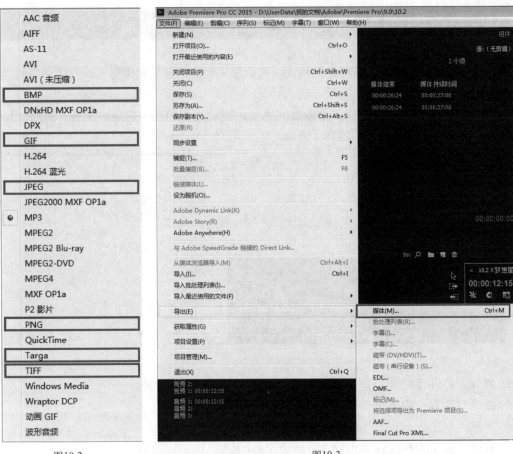

图10-2   图10-3

02 在弹出的【导出设置】对话框中，设置图片格式，如图10-4所示。

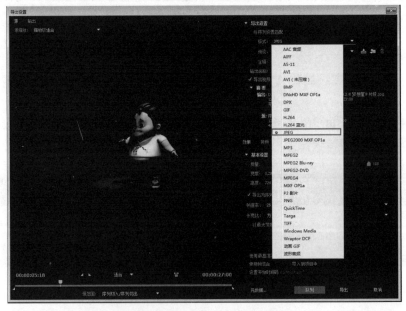

图10-4

03 取消勾选【视频】选项卡中的【导出为序列】选项，单击【导出】命令即可输出单帧图片，如图10-5所示。

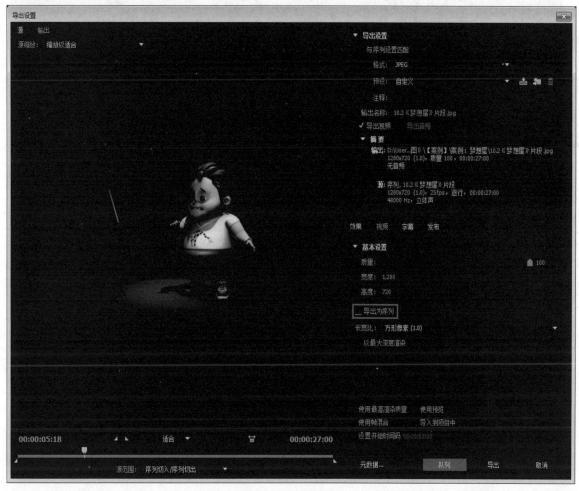

图10-5

| 10.3 输出序列帧图像

为了将制作好的影片在保证清晰度最高、损失最小的情况下，导出到其他软件中继续编辑，就需要将视频文件导出为序列帧文件。在Premiere Pro CC中，可以将视频文件输出为一组序列帧图像。输出序列帧图像的具体步骤如下。

01 执行【文件】|【导出】|【媒体】命令。

02 在弹出的【导出设置】对话框中，设置图片格式。

03 勾选【视频】选项卡中的【导出为序列】选项，如图10-6所示。

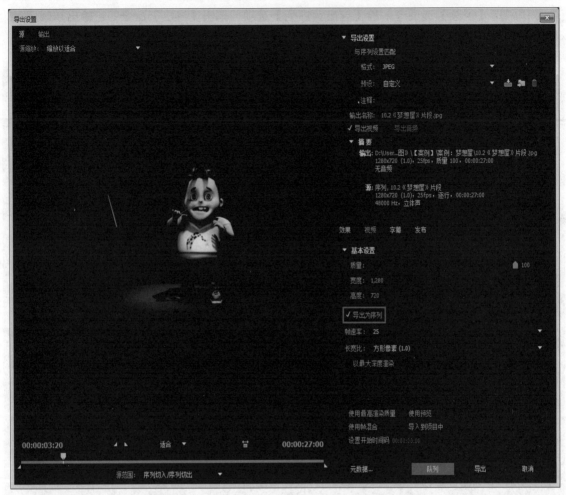

图10-6

| 10.4 输出音频格式   🔍 ➡

　　在Premiere Pro CC中，可以对音频文件单独输出，一般会输出为MP3格式，如图10-7所示。
输出音频文件的具体步骤如下。

01 执行【文件】|【导出】|【媒体】命令。

02 在弹出的【导出设置】对话框中，设置音频格式，并取消勾选【视频】选项卡中的【导出视频】选项，如图10-8所示。

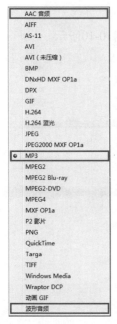

图10-7

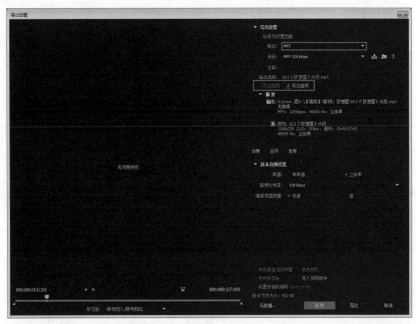

图10-8

10.5　输出视频影片

素材文件编辑制作完成后，就需要选择适合的视频格式，并对格式进行详细设置，以便制成最为合适的视频输出效果。

10.5.1　视频输出设置

在Premiere Pro CC中，将素材文件编辑好后，就需要设置输出参数，输出成完整的音视频影片了，如图10-9所示。

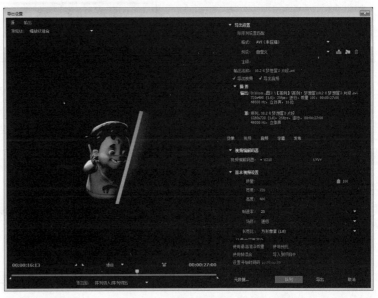

图10-9

1. 输出设置

【输出设置】就是设置输出音视频文件的输出格式属性参数，如图10-10所示。

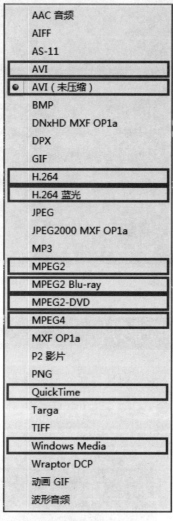

AAC 音频	
AIFF	
AS-11	
AVI	
● AVI（未压缩）	
BMP	
DNxHD MXF OP1a	
DPX	
GIF	
H.264	
H.264 蓝光	
JPEG	
JPEG2000 MXF OP1a	
MP3	
MPEG2	
MPEG2 Blu-ray	
MPEG2-DVD	
MPEG4	
MXF OP1a	
P2 影片	
PNG	
QuickTime	
Targa	
TIFF	
Windows Media	
Wraptor DCP	
动画 GIF	
波形音频	

图10-10

※ 参数详解

☆ 与序列设置匹配：勾选选项，将以序列设置的属性来定义输出影片的文件属性。

☆ 格式：用来设置输出音视频文件的格式。

☆ 预设：用来设置定义好的制式选项。

☆ 注释：用来标注输出音视频文件的说明。

☆ 输出名称：用来设置输出音视频文件的文件名称和路径，如图10-11所示。

☆ 导出视频：取消选项勾选，则文件不输出视频。

☆ 导出音频：取消选项勾选，则文件不输出音频。

☆ 摘要：显示文件的输出路径、文件名称、尺寸大小和质量等信息。

图10-11

2.【视频】选项卡面板

【视频】选项卡面板设置输出文件的视频格式属性参数，如图10-12所示。

图10-12

3.【音频】选项卡面板

【音频】选项卡面板设置输出文件的音频格式属性参数，如图10-13所示。

※ **参数详解**

☆ 采样率：设置输出文件采样率的大小，采样率越高，质量越好，但计算处理时间也较长。

☆ 声道：选择文件为单声道还是多声道。

☆ 样本大小：设置输出文件的位深度，位深度越高，质量越好，但计算处理时间也较长。

图10-13

4. 导出

☆ 源范围：用于设置输出素材的范围，如图10-14所示。

【导出】是素材文件编辑制作好后的最后一步，是对所有操作的最终确定，如图10-15所示。

图10-14

图10-15

10.5.2 格式输出设置

视频的种类繁多，需要选择合适的格式进行输出。不同的视频格式在输出时，其输出设置也略有不同。

1. 输出AVI格式文件

AVI格式文件是最常用的一种媒体格式文件。在输出AVI格式文件时，主要设置【视频编解码器】和【基本视频设置】等基础设置。

1)视频编解码器

【视频编解码器】就是设置输出视频文件时选择适合的压缩程序或者解码器，以缩小数字视频文件的体积大小。AVI格式常用的方式包括DV(24p Advanced)、DV NTSC、DV PAL、Intel IYUV 编码解码器、Microsoft RLE、Microsoft Video 1、TechSmith Screen Capture Codec、TechSmith Screen Codec 2、Uncompressed UYVY 422 8bit、V210 10-bit YUV和 None(无压缩)，如图10-16所示。

图10-16

2)基本视频设置

基本视频设置：主要设置AVI文件格式的质量、宽度、帧速率等基础设置，如图10-17所示。

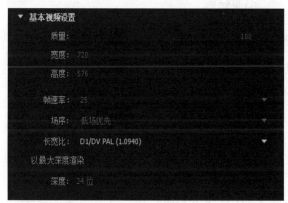

图10-17

※ 参数详解

☆ 质量：设置输出影片的品质。

☆ 宽度：设置视频文件的宽度。默认为与【高度】等比缩放。

☆ 高度：关闭链接，设置视频文件的高度。

☆ 帧速率：设置输出影片的帧速率。

☆ 场序：设置输出影片的场选择，包括【逐行】、【高场优先】和【低场优先】3个选项，如图10-18所示。

☆ 长宽比：设置输出影片的像素高宽比。

☆ 以最大深度渲染：勾选选项，以24位深度渲染。关闭选项，则以8位深度渲染。

图10-18

2. 输出Windows Media 格式文件

Windows Media格式输出的是WMV格式文件，主要设置文件的比特率编码格式，如图10-19所示。

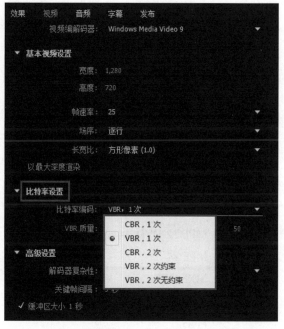

图10-19

1)1次编码时

☆ 1次编码时：指在进行视频渲染时，编码器只对视频进行一次编码计算分析。优点是渲染时间短，缺点是视频不是最优化的编码方式。【1次编码时】的【比特率编码】包括【固定】和【可变品质】两种方式。

☆ 固定：整部视频以一种相同的编码比特率进行计算分析，渲染时间短。

☆ 可变品质：是根据视频内容变化编码比特率，制作出的文件较小。

2)2次编码时

2次编码时：指在进行视频渲染时，编码器只对视频进行两次编码计算分析，从而得到最优化的编码方式，包括【CBR，1次】、【VBR，1次】、【CBR，2次】、【VBR，2次约束】和【VBR，2次无约束】5种方式。

3. 输出MPEG格式文件

MPEG格式的国际标准化高压缩方式，使其成为主流的视频格式之一。MPEG格式输出时主要包括MPEG2、MPEG2 Blu-ray、MPEG2-DVD和MPEG4等，如图10-20所示。下面以MPEG2 Blu-ray为例，讲解其属性设置。

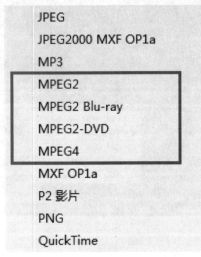

图10-20

1)预设

预设：设置输出视频的尺寸大小和帧频率等国际标准化格式，包括【HD 720p 50】、【HD 1080i 25】和【HD 1080i 29.97】等，如图10-21所示。

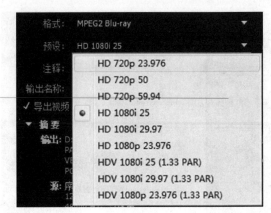

图10-21

2)比特率编码

【比特率编码】格式包括【CBR】、【VBR，1次】和【VBR，2次】3种方式，如图10-22所示。CBR为固定比特率编码，VBR为可变比特率编码方式。

3)比特率

当【比特率编码】格式为【CBR】时，用于设置固定比特率编码所采用比特率的数值。

4)最小比特率

当【比特率编码】格式为【VBR，1次】或【VBR，2次】时，用于设置可变比特率编码所采用比特率的最小数值。

5)目标比特率

当【比特率编码】格式为【VBR，1次】或【VBR，2次】时，用于设置可变比特率编码所采用比特率的基准数值。

6)最大比特率

当【比特率编码】格式为【VBR，1次】或【VBR，2次】时，用于设置可变比特率编码所采用比特率的最大数值。

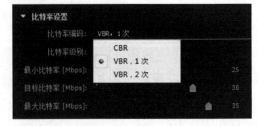

图10-22

| 10.6　输出EDL文件

EDL(Editorial Determination List)编辑决策列表是一个表格形式的列表，由时间码值形式的电影剪辑数据组成。EDL 是在编辑时由很多编辑系统自动生成的，并可保存到磁盘中。

EDL是一种广泛应用于视频编辑领域的交换文件，其作用就是记录用户对素材的各种编辑操作信息。根据其作用特点，可以先对低版本素材文件进行编辑操作，并将编辑信息输出为EDL文件。然后将素材替换成高清晰度质量版本的素材文件，并导入先前的EDL文件输出最终影片。这样可以减轻软件计算负担，提高编辑效率。

Premiere Pro CC中的EDL文件包含了项目制作中的各种编辑信息，包括项目所使用的素材所在的磁带名称、编号、素材文件的长度、项目中所用的特效及转场。要想导出EDL文件就需要执行【文件】|【导出】|【EDL】命令，打开【EDL输出设置】对话框设置参数，如图10-23所示。

※ 参数详解

　☆ EDL字幕：设置EDL文件第一行的标题。

　☆ 开始时间码：设置所要输出序列中第一个编辑的起始时间。

　☆ 包含视频电平：勾选选项，则在EDL文件中包含视频等级注释。

　☆ 包含音频电平：勾选选项，则在EDL文件中包含音频等级注释。

　☆ 使用源文件名称：勾选选项，则在输出时使用源文件。

　☆ 音频处理：设置EDL文件的音频处理方式，包括【音频跟随视频】、【分离音频】和【结尾音频】3个选项，如图10-24所示。

　☆ 要导出的轨道：设置所要输出的音视频轨道。

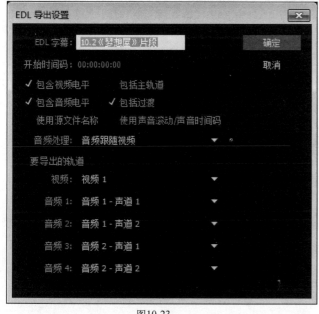

图10-23

图10-24

| 10.7　输出OMF文件

　　OMF是Open Media Framework(公开媒体框架)的缩写形式，是AVID公司开发的一种工程文件格式，指的是一种要求数字化音频视频工作站把关于同一音段的所有重要资料制成同类格式便于其他系统阅读的文本交换协议。OMF格式文件可以在其他软件中打开并编辑音频或者视频片段。要想导出OMF文件就需要执行【文件】|【导出】|【OMF】命令，打开【OMF导出设置】对话框设置参数，如图10-25所示。

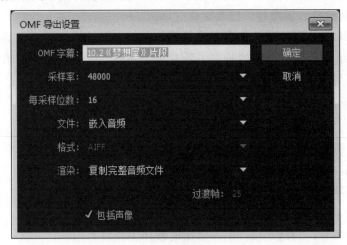

图10-25

| 10.8　实训案例：卡通风景

▌10.8.1　案例目的

　　卡通风景案例是为了加深理解输出单帧图像和序列帧图像。

▌10.8.2　案例思路

　　(1) 将"卡通风景.mov"素材文件导入到软件项目中。

　　(2) 输出JPEG格式的单帧图像。

　　(3) 输出JPEG格式的序列帧图像。

▌10.8.3　制作步骤

1. 设置项目

01 打开Premiere Pro CC软件，在【欢迎使用】界面上单击【新建项目】按钮，如图10-26所示。

图10-26

02 在【新建项目】对话框中，输入项目名称为"卡通风景"，并设置项目储存位置，单击【确定】按钮，如图10-27所示。

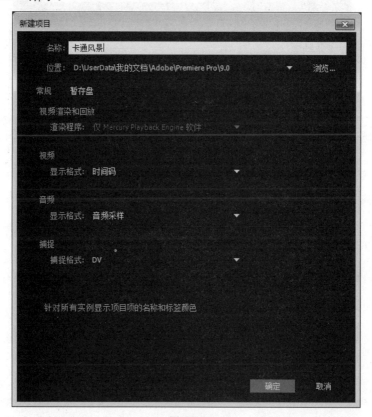

图10-27

03 执行【文件】|【新建】|【序列】命令，在【新建序列】对话框的【序列预设】选项卡中，设置【可用预设】为"HDV 720p30"，【序列名称】为"卡通风景"，如图10-28所示。

04 执行【文件】|【导入】|【序列】命令，在【导入】对话框中选择"卡通风景.mov"素材文件，将其导入，如图10-29所示。

图10-28

图10-29

2. 设置时间轴序列

01 将"卡通风景.mov"素材文件拖曳至视频轨道【V1】上，如图10-30所示。

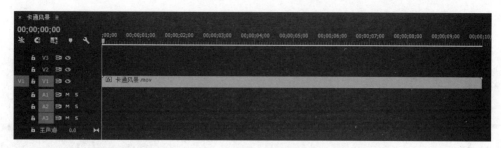

图10-30

02 将当前时间线移动到00:00:09:00位置，如图10-31所示。

图10-31

3. 输出单帧图像

01 执行【文件】|【导出】|【媒体】命令，在【导出设置】对话框中，设置【格式】为JPEG，取消勾选【导出为序列】选项，如图10-32所示。

图10-32

02 在【导出设置】对话框中，单击【输出名称】里的文件名称，选择文件的输出位置，再单击

【导出】命令，则素材在00:00:09:00位置的图像输出为JPEG格式单帧图像，如图10-33所示。

图10-33

4．查看输出单帧图像

在资源管理器的文件夹中查看输出文件，如图10-34所示。

图10-34

5. 输出序列帧图像

01 执行【文件】|【导出】|【媒体】命令，在【导出设置】对话框中，设置【格式】为JPEG，勾选【导出为序列】选项，如图10-35所示。

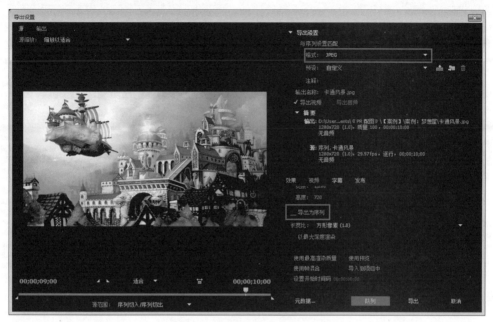

图10-35

02 在【导出设置】对话框中，单击【输出名称】中的文件名称，选择文件的输出位置，再单击【导出】命令，则素材图像输出为JPEG格式的序列帧图像，如图10-36所示。

图10-36

6. 查看输出序列帧图像

在资源管理器的文件夹中查看输出文件，如图10-37所示。

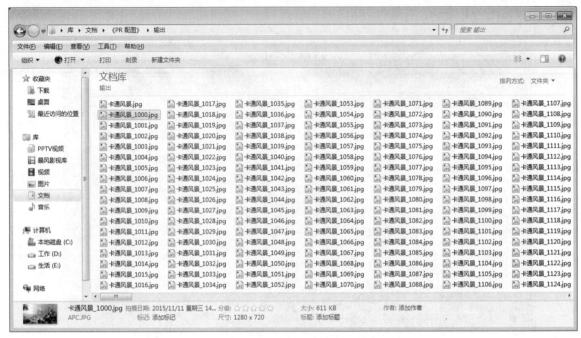

图10-37

10.9 实训案例：梦想屋

10.9.1 案例目的

梦想屋案例是为了加深理解输出AVI和MPEG格式影片。

10.9.2 案例思路

(1) 将"《梦想屋》000.jpg"等图片素材文件，以序列帧的形式导入到软件项目中。

(2) 将"《梦想屋》音频.mp3"素材文件导入到软件项目中。

(3) 输出AVI格式影片。

(4) 输出MPEG格式影片。

10.9.3 制作步骤

1. 设置项目

01 打开Premiere Pro CC软件，在【欢迎使用】界面上单击【新建项目】按钮，如图10-38所示。

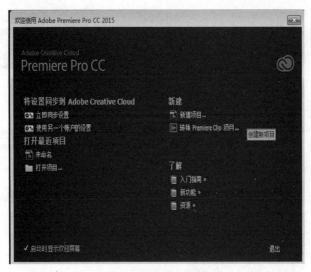

图10-38

02 在【新建项目】对话框中，输入项目名称为"梦想屋"，并设置项目储存位置，单击【确定】按钮，如图10-39所示。

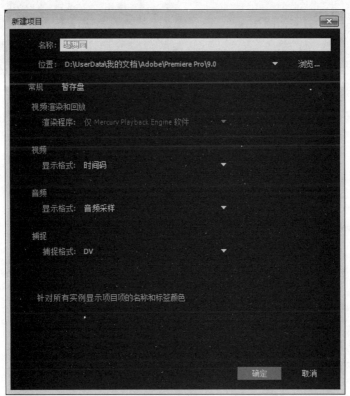

图10-39

03 执行【文件】|【新建】|【序列】命令，在【新建序列】对话框的【序列预设】选项卡中，设置【可用预设】为"HDV 720p25"，【序列名称】为"梦想屋"，如图10-40所示。

图10-40

04 执行【文件】|【导入】|【序列】命令，在【导入】对话框中选择"《梦想屋》000.jpg"素材文件，勾选【图像序列】选项，将图片以序列帧的形式导入到项目中，如图10-41所示。

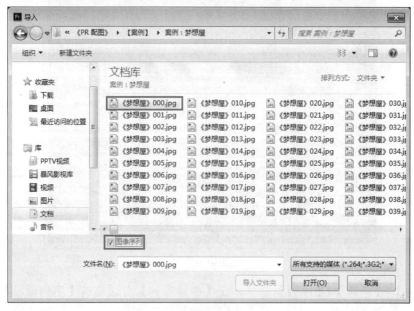

图10-41

05 执行【文件】|【导入】|【序列】命令，在【导入】对话框中选择"《梦想屋》音频.mp3"素材文件，将音频文件导入到项目中，如图10-42所示。

图10-42

2．设置时间轴序列

分别将"《梦想屋》音频.mp3"素材文件和"《梦想屋》000.jpg"素材序列文件拖曳至【A1】和【V1】音视频轨道上，如图10-43所示。

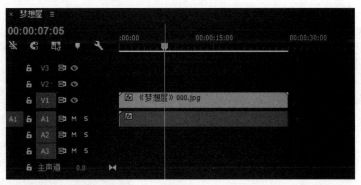

图10-43

3．输出AVI格式影片

01 执行【文件】|【导出】|【媒体】命令，在【导出设置】对话框中，设置【格式】为AVI，【预设】为"自定义"，【视频编解码器】为None，【基本视频设置】的【宽度】为1280，【高度】为720，【帧速率】为25，【场序】为"逐行"，【长宽比】为"方形像素(1.0)"，如图10-44所示。

4．输出MPEG格式影片

01 执行【文件】|【导出】|【媒体】命令，在【导出设置】对话框中，设置【格式】为MPEG2，【预设】为"匹配率-高比特率"。检查基本视频设置，【宽度】为1280，【高度】为720，【帧速率】为25，【场序】为"逐行"，【长宽比】为"方形像素"，如图10-46所示。

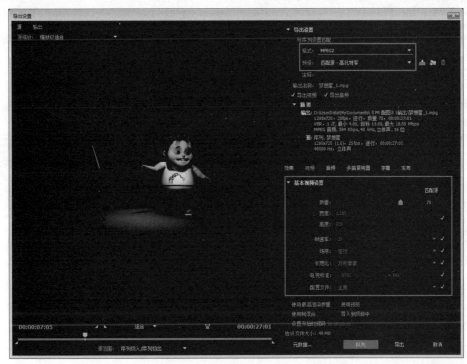

图10-46

02 在【导出设置】对话框中，单击【输出名称】中的文件名称，选择文件的输出位置，再单击【导出】命令，输出为MPEG2格式影片，如图10-47所示。

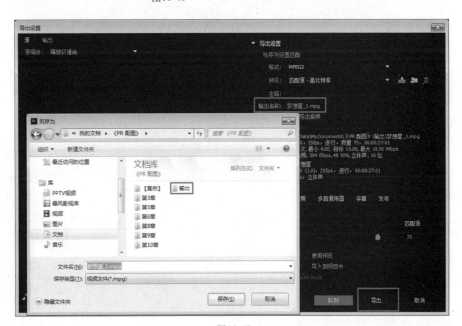

图10-47

5．查看输出序列帧图像

在资源管理器的文件夹中查看输出文件，如图10-48所示。

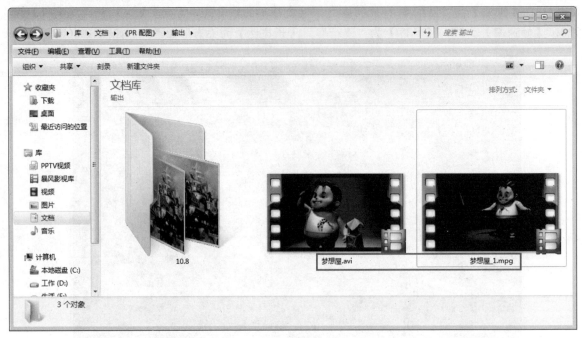

图10-48

第11章

I 综合实训：喵星人

喵星人案例效果类似于电子相册，是优美的照片或摄影摄像片段的合集，多用于婚礼庆典或儿童成长等。本案例将多张猫的精彩图片，利用多种表达形式进行贯穿，形成完整的动态视频，借以表达对可爱动物的喜爱之情。

11.1　案例思路

　　通过一首背景音乐的贯穿，将多张猫的精彩图片进行串联，主要分为6部分，分别是"片头"、"场景一"、"场景二"、"场景三"、"场景四"和"片尾"，如图11-1所示。

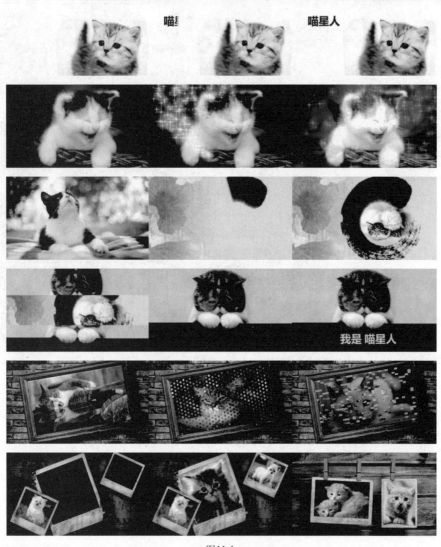

图11-1

11.2　设置项目

01 打开Premiere Pro CC软件，在【欢迎使用】界面上单击【新建项目】按钮，如图11-2所示。

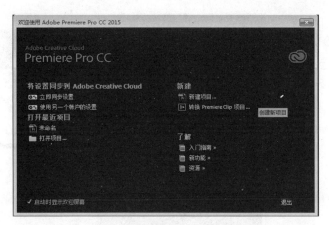

图11-2

02 在【新建项目】对话框中，输入项目名称为"喵星人"，并设置项目储存位置，单击【确定】按钮，如图11-3所示。

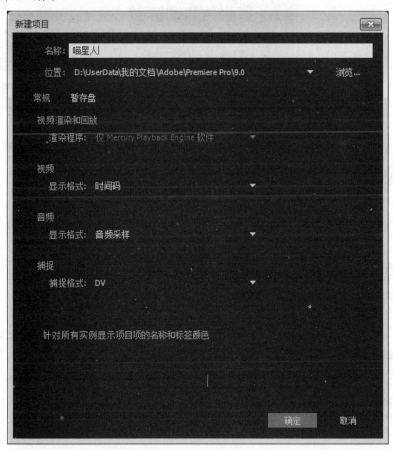

图11-3

03 执行【文件】|【新建】|【序列】命令，在【新建序列】对话框的【序列预设】选项卡中，设置【可用预设】为"HDV 720p25"，【序列名称】为"喵星人"，如图11-4所示。

04 执行【文件】|【导入】|【序列】命令，在【导入】对话框中选择案例素材，如图11-5所示。

图11-4

图11-5

| 11.3 制作片头

01 激活【项目】面板，执行右键菜单中的【新建项目】|【颜色遮罩】命令，如图11-6所示。

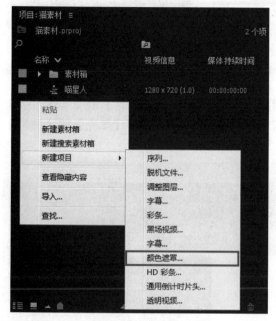

图11-6

02 设置颜色为(255,255,255)，名称为"白色背景"，如图11-7所示。

图11-7

03 将"白色背景"拖曳至视频轨道【V1】上，如图11-8所示。

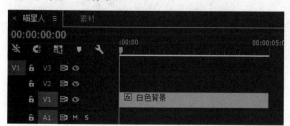

图11-8

04 执行"白色背景"字幕素材右键菜单中的【速度/持续时间】命令，设置【剪辑速度/持续时间】的【持续时间】为00:00:02:05，如图11-9所示。

图11-9

05 将"标题.jpg"素材拖曳至视频轨道【V2】上，并将出点位置与视频轨道【V1】素材对齐，如图11-10所示。

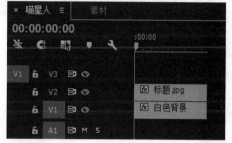

图11-10

06 激活"标题.jpg"素材的【效果控件】面板，设置【运动】|【位置】为(865.0,450.0)，【缩放】为60.0，如图11-11所示。

图11-11

07 执行【字幕】|【新建字幕】|【默认静态字

幕】命令，如图11-12所示。

08 在【新建字幕】对话框中，设置【名称】为"片头"，如图11-13所示。

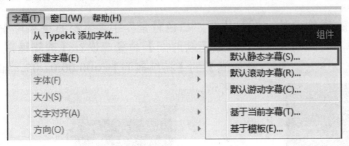
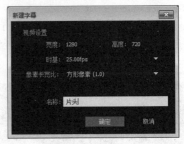

图11-12   图11-13

09 使用【文字工具】创建文本，输入文本为"国际电影节"；设置【属性】的【字体系列】为"微软雅黑"，【字体样式】为"Bold"，【字体大小】为100.0；设置【填充】的【颜色】为(0,0,0)，如图11-14所示。

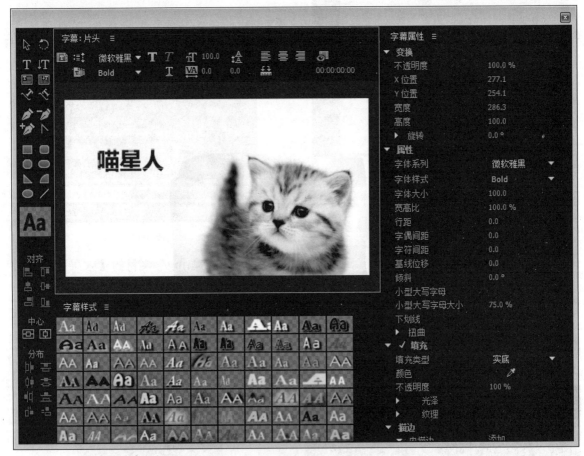

图11-14

10 将"片头"字幕素材拖曳至视频轨道【V2】上，执行右键菜单中的【速度/持续时间】命令，设置【剪辑速度/持续时间】的【持续时间】为00:00:02:05，如图11-15所示。

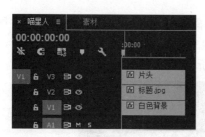

图11-15

11 激活【效果】面板，将【视频效果】|【过渡】|【线性擦除】效果添加到"片头"字幕素材上。将当前时间线移动到00:00:00:00位置，设置【过渡完成】为100%，【擦除角度】为-90.0°，【羽化】为30.0；将当前时间线移

动到00:00:01:00位置，设置【过渡完成】为0，如图11-16所示。

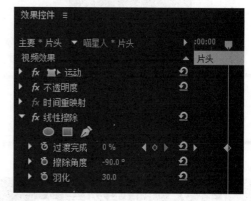

图11-16

11.4　制作场景一

01 将"猫01.jpg"素材拖曳至视频轨道【V1】上的00:00:02:05位置，如图11-17所示。

图11-17

02 将"粒子.avi"素材拖曳至视频轨道【V2】上的00:00:02:05位置，如图11-18所示。

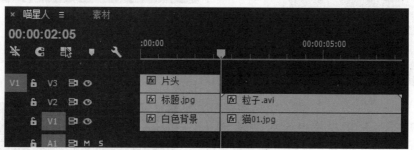

图11-18

03 激活"粒子.avi"素材的【效果控件】面板，设置【运动】|【缩放】为125.0；【不透明度】|【混合模式】为"滤色"，如图11-19所示。

Premiere Pro CC影视编辑技术教程（第二版）

图11-19

04 选择00:00:02:05位置右侧序列中的所有素材，执行右键菜单中的【嵌套】命令，如图11-20所示。

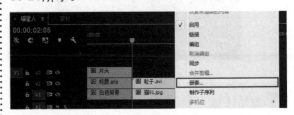

图11-20

11.5 制作场景二

01 将"背景01.jpg"素材拖曳至视频轨道【V1】上的00:00:07:05位置，执行右键菜单中的【速度/持续时间】命令，设置【剪辑速度/持续时间】的【持续时间】为00:00:05:20，如图11-21所示。

图11-21

02 激活"背景01.jpg"素材的【效果控件】面板，设置【运动】|【缩放】为260.0，如图11-22所示。

图11-22

03 将"猫02.jpg"素材拖曳至视频轨道【V2】上的00:00:07:05位置，执行右键菜单中的【速度/持续时间】命令，设置【剪辑速度/持续时间】的【持续时间】为00:00:02:08，如图11-23所示。

图11-23

04 激活【效果】面板，将【视频过渡】|【擦除】|【油漆飞溅】效果添加到"猫02.jpg"素材出点位置上，设置【渐隐为黑色】效果的【持续时间】为00:00:00:20，如图11-24所示。

图11-24

05 将"猫03.jpg"素材拖曳至视频轨道【V2】上的00:00:10:10位置，并将出点位置与视频轨道【V1】素材对齐，如图11-25所示。

图11-25

06 激活"猫03.jpg"素材的【效果控件】面板，将当前时间线移动到00:00:10:10位置，设置【运动】|【位置】为(800.0,400.0)，【缩放】为150.0，【不透明度】为0.0；将当前时间线移动到00:00:11:00位置，设置【不透明度】为100.0%，如图11-26所示。

图11-26

07 激活【效果】面板，将【视频效果】|【键控】|【轨道遮罩键】效果添加到"猫03.jpg"素材出点位置上，设置【遮罩】为"视频3"，如图11-27所示。

图11-27

08 激活【项目】面板，执行右键菜单中的【新建项目】|【黑场视频】命令，将"黑场视频"拖曳至视频轨道【V3】上，并将出入点位置与视频轨道【V2】的"猫03.jpg"素材对齐，如图11-28所示。

图11-28

09 激活【效果】面板，将【视频效果】|【生成】|【圆形】效果添加到"黑场视频"素材上，设置【半径】为150.0，【羽化】为40.0，如图11-29所示。

图11-29

10 将"墨笔.png"素材拖曳至视频轨道【V2】上的00:00:09:13位置，并将出点位置与视频轨道【V1】素材对齐，如图11-30所示。

图11-30

11 激活"墨笔.png"素材的【效果控件】面板，设置【运动】|【位置】为(800.0, 370.0)，【缩放】为100.0，【旋转】为136.0°；设置【不透明度】|【混合模式】为"线性加深"，如图11-31所示。

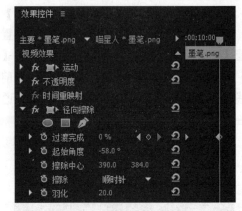

图11-32

图11-31

12 激活【效果】面板，将【视频效果】|【过渡】|【径向擦除】效果添加到素材上。将当前时间线移动到00:00:09:13位置，设置【过渡完成】为100%，【起始角度】为-58.0°，【羽化】为20.0；将当前时间线移动到00:00:11:05位置，设置【过渡完成】为0，如图11-32所示。

13 选择00:00:07:05位置右侧序列中的所有素材，执行右键菜单中的【嵌套】命令，如图11-33所示。

图11-33

14 激活【效果】面板，将【视频过渡】|【溶解】|【叠加溶解】效果添加到00:00:07:05位置素材上，如图11-34所示。

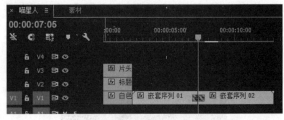

图11-34

11.6 制作场景三

01 将"猫05.jpg"素材拖曳至视频轨道【V1】上的00:00:13:00位置，执行右键菜单中的【速度/持续时间】命令，设置【剪辑速度/持续时间】的【持续时间】为00:00:03:10，如图11-35所示。

02 将"猫02.jpg"素材拖曳至视频轨道【V2】上的00:00:07:05位置，执行右键菜单中的【速度/持续时间】命令，设置【剪辑速度/持续时间】的【持续时间】为00:00:02:08，如图11-36所示。

图11-35

图11-36

03 新建字幕，命名称为"字幕01"，使用【文字工具】创建文本，输入文本为"我是"； 设置【属性】的【字体系列】为"微软雅黑"，【字体样式】为"Bold"；设置【填充】的【颜色】为(220,207,200)，如图11-37所示。

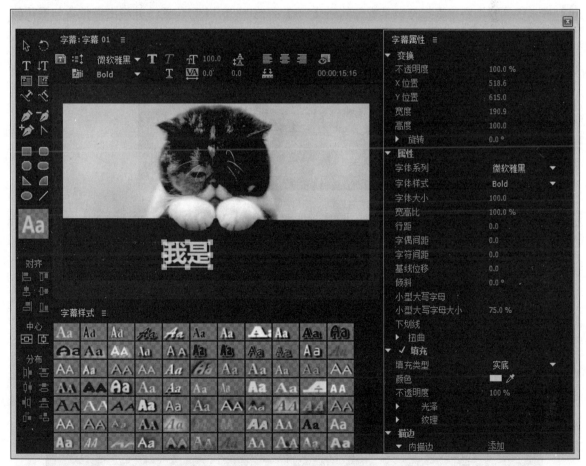

图11-37

04 将"字幕01"字幕素材拖曳至视频轨道【V2】上的00:00:13:22位置，并将出点位置与视频轨道【V1】素材对齐，如图11-38所示。

05 在【项目】面板中复制"字幕01"字幕，并重新命名为"字幕02"，如图11-39所示。

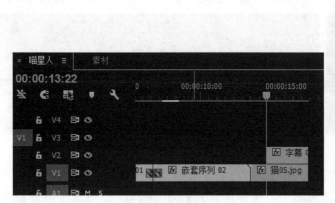

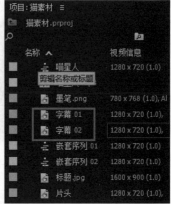

图11-38　　　　　　　　　　　　　　　　图11-39

06 将"字幕02"字幕素材拖曳至视频轨道【V3】上的00:00:14:15位置，并将出点位置与视频轨道【V1】素材对齐，如图11-40所示。

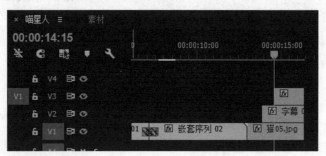

图11-40

07 调整"字幕02"字幕素材，将文本修改为"喵星人"，设置【变换】的【X位置】为780.0，如图11-41所示。

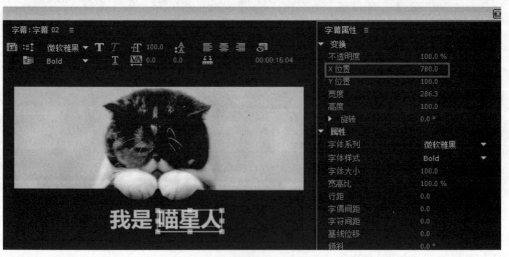

图11-41

08 选择00:00:13:00位置右侧序列中的所有素材，执行右键菜单中的【嵌套】命令，并在00:00:13:00位置添加【视频过渡】|【滑动】|【拆分】效果，如图11-42所示。

图11-42

11.7 制作场景四

01 将"相框01.jpg"素材拖曳至视频轨道【V1】上的00:00:16:10位置，执行右键菜单中的【速度/持续时间】命令，设置【剪辑速度/持续时间】的【持续时间】为00:00:04:19，如图11-43所示。

图11-43

02 激活"背景01.jpg"素材的【效果控件】面板，设置【运动】|【缩放】为125.0，如图11-44所示。

图11-44

03 在00:00:16:10位置，分别将"猫06.jpg"、"猫07.jpg"、"猫08.jpg"、"猫09.jpg"、"猫10.jpg"和"猫11.jpg"素材拖曳至视频轨道【V2】上，分别设置【持续时间】为00:00:00:22、00:00:01:13、00:00:01:02、00:00:00:11、00:00:00:11和00:00:00:10，如图11-45所示。

图11-45

04 在00:00:17:07位置添加【视频过渡】|【擦除】|【带状擦除】效果，设置【持续时间】为00:00:00:20；【自定义】|【带数量】为30，如图11-46所示。

05 在00:00:18:20位置添加【视频过渡】|【擦除】|【棋盘擦除】效果，设置【持续时间】为00:00:00:20；【自定义】|【水平切片】为30，【垂直切片】为30，如图11-47所示。

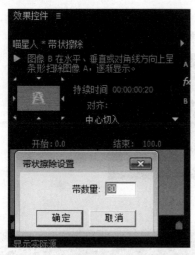

图11-46

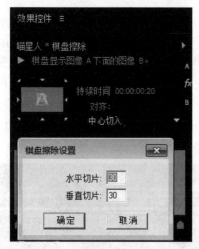

图11-47

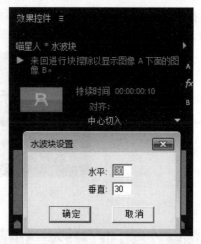

图11-48

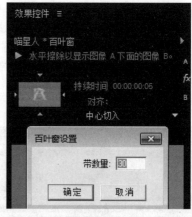

图11-49

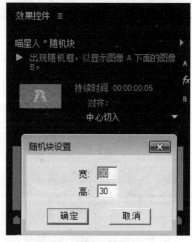

图11-50

06 在00:00:19:22位置添加【视频过渡】|【擦除】|【水波块】效果，设置【持续时间】为00:00:00:10；【自定义】|【水平】为30，【垂直】为30，如图11-48所示。

07 在00:00:20:08位置添加【视频过渡】|【擦除】|【百叶窗】效果，设置【持续时间】为00:00:00:05；【自定义】|【带数量】为30，如图11-49所示。

08 在00:00:20:19位置添加【视频过渡】|【擦除】|【随机块】效果，设置【持续时间】为00:00:00:05；【自定义】|【宽】为30，【高】为30，如图11-50所示。

09 选择00:00:16:10位置右侧序列中视频轨道

【V2】上的所有素材，执行右键菜单中的【嵌套】命令，如图11-51所示。

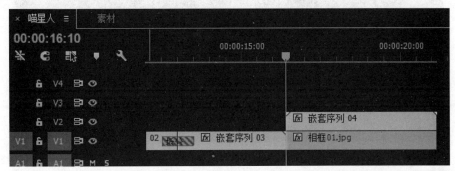

图11-51

10 激活"嵌套序列04"的【效果控件】面板，设置【运动】|【位置】为(654.2,345.7)，取消勾选【等比缩放】选项，设置【缩放高度】为66.3，【缩放宽度】为67.4，【旋转】为-9.4°；【不透明度】|【混合模式】为"发光度"，如图11-52所示。

11 激活【效果】面板，将【预设】|【斜角边】|【薄斜角边】效果添加到"嵌套序列04"素材上，设置【边缘厚度】为0.01，【光照强度】为0.20，如图11-53所示。

图11-52

图11-53

| 11.8 制作片尾

01 分别将"相框02.png"和"猫12.png"素材拖曳至视频轨道【V3】和视频轨道【V4】上的00:00:21:04位置，执行右键菜单中的【速度/持续时间】命令，设置【剪辑速度/持续时间】的【持续时间】为00:00:00:17，如图11-54所示。

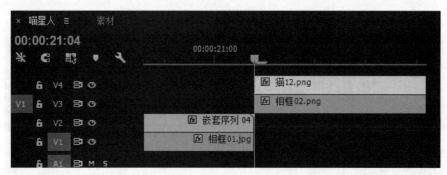

图11-54

02 分别将"猫13.jpg"和"猫14.jpg"素材拖曳至视频轨道【V1】和视频轨道【V2】上，设置【持续时间】为00:00:00:11和00:00:00:06，将出点位置与视频轨道【V3】素材对齐，如图11-55所示。

图11-55

03 激活"猫13.jpg"素材的【效果控件】面板，设置【运动】|【位置】为(611.5,305.3)，【缩放】为34.0，【旋转】为-20.7°，如图11-56所示。

04 激活【效果】面板，将【视频效果】|【过渡】|【线性擦除】效果添加到"猫13.jpg"素材上，设置【过渡完成】为20%，【擦出角度】为-90.0°，如图11-57所示。

图11-56   图11-57

05 激活"猫14.jpg"素材的【效果控件】面板，设置【运动】|【位置】为(982.0,210.3)，【缩

放】为16.0，【旋转】为24.4°，如图11-58所示。

06 选择00:00:21:04位置右侧序列中的所有素材，执行右键菜单中的【嵌套】命令。激活【效果控件】面板，设置【运动】|【缩放】为125.0，如图11-59所示。

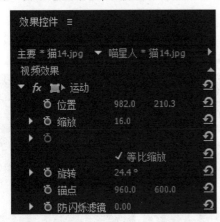

图11-58   图11-59

07 分别将"相框03.png"和"猫15.jpg"素材拖曳至视频轨道【V3】和视频轨道【V2】上的00:00:21:21位置，执行右键菜单中的【速度/持续时间】命令，设置【剪辑速度/持续时间】的【持续时间】为00:00:00:24，如图11-60所示。

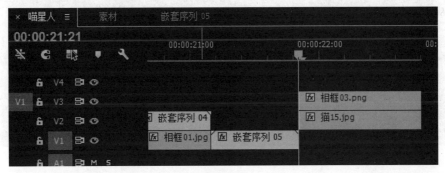

图11-60

08 将"猫16.jpg"素材拖曳至视频轨道【V1】上，设置【持续时间】为00:00:00:14，将出点位置与视频轨道【V3】素材对齐，如图11-61所示。

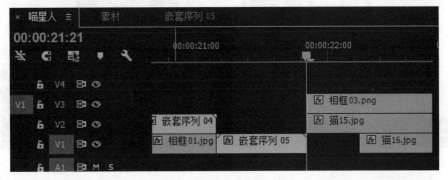

图11-61

09 激活"猫15.jpg"素材的【效果控件】面板,设置【运动】|【位置】为(471.4, 398.0),【缩放】为37.2,【旋转】为3.2°,如图11-62所示。

10 激活"猫16.jpg"素材的【效果控件】面板,设置【运动】|【位置】为(849.0, 428.9),【缩放】为16.2,如图11-63所示。

11 选择00:00:21:21位置右侧序列中的所有素材,执行右键菜单中的【嵌套】命令。激活【效果控件】面板,设置【运动】|【缩放】为125.0,如图11-64所示。

图11-62

图11-63

图11-64

12 将【项目】面板中的"喵星人.mp3"素材拖曳至音频轨道【V1】上,如图11-65所示。

图11-65

13 在【节目监视器】面板上查看最终动画效果,如图11-66所示。

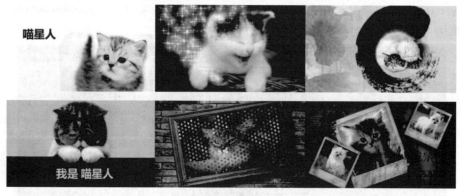
图11-66

第12章

综合实训：电影节

电影节案例是一个宣传片，类似于一个栏目片头的形式，主要将短片精彩镜头进行提取串联。本案例是截取优秀短片的精彩镜头，配合明快的背景音乐，给观众一种带动感，以引起其对电影节的关注。

| 12.1　案例思路

　　本案例将优秀电影短片镜头简单地展示，并配合快节奏的背景音乐剪辑短片镜头，主要分为4部分，分别是"片头"、"运动画面场景"、"静止画面场景"和"片尾"，如图12-1所示。

图12-1

| 12.2　设置项目

01 打开Premiere Pro CC软件，在【欢迎使用】界面上单击【新建项目】按钮，如图12-2所示。

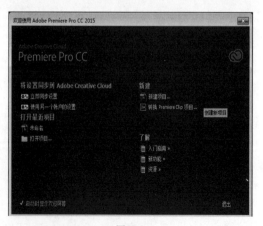

图12-2

02 在【新建项目】对话框中，输入项目名称为"电影节"，并设置项目储存位置，单击【确定】按钮，如图12-3所示。

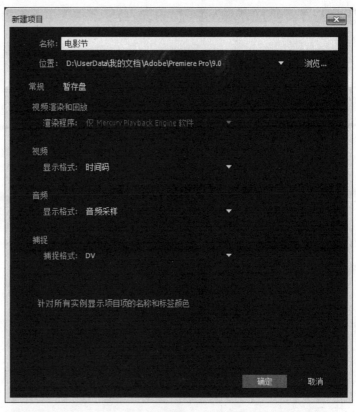

图12-3

03 执行【文件】|【新建】|【序列】命令，在【新建序列】对话框的【设置】选项卡中，设置【编辑模式】为"自定义"，【时基】为30.00帧/秒，【帧大小】为512×288，【像素长宽比】为"方形像素(1.0)"，【序列名称】为"电影节"，如图12-4所示。

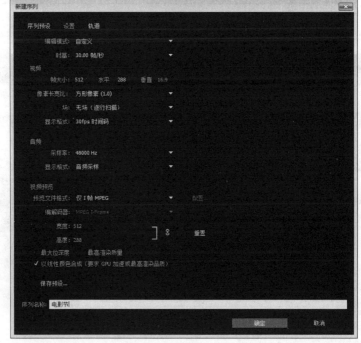

图12-4

04 执行【文件】|【导入】|【序列】命令，在【导入】对话框中选择案例素材，如图12-5所示。

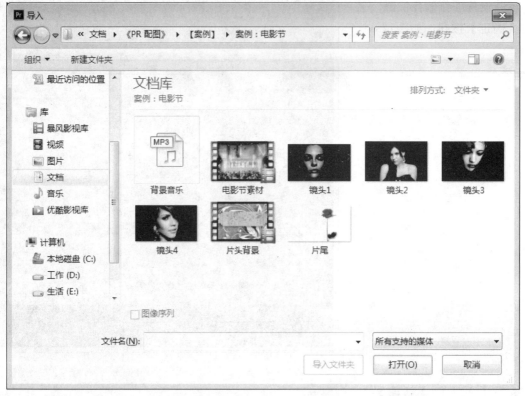

图12-5

| 12.3　制作片头

01 将"片头背景.mpg"素材文件拖曳到序列中，在弹出的【剪辑不匹配警告】对话框中，选择【保持现有设置】命令，如图12-6所示。

02 将"片头背景.mpg"素材文件拖曳至视频轨道【V1】上，如图12-7所示。

图12-6

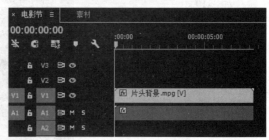

图12-7

03 执行【字幕】|【新建字幕】|【默认静态字幕】命令，如图12-8所示。

04 在【新建字幕】对话框中，设置名称为"片头"，如图12-9所示。

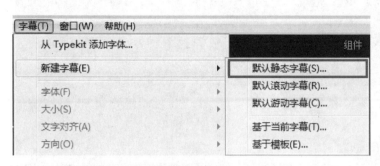

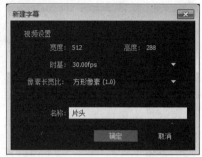

图12-8 图12-9

05 使用【文字工具】创建文本，输入文本为"国际电影节"；设置【属性】的【字体系列】为"微软雅黑"，【字体样式】为"Bold"，【字体大小】为52.0；设置【填充】的【颜色】为(255,0,0)；添加【外描边】，设置大小为20，如图12-10所示。

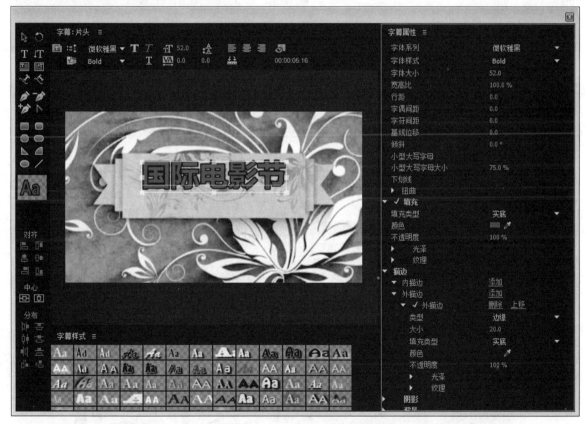

图12-10

06 使用【文字工具】创建文本，输入文本为"作品征集中"；设置【属性】的【字体系列】为"微软雅黑"，【字体样式】为"Bold"，【字体大小】为30.0；设置【填充】的【颜色】为(30,30,30)，如图12-11所示。

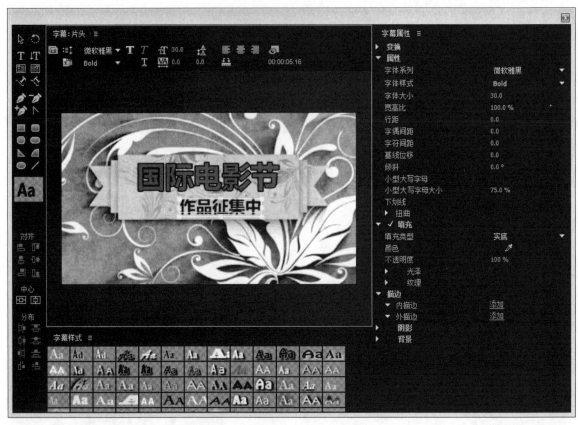

图12-11

07 利用【选择工具】选中两个文本，再利用【水平居中】工具，将其中心对齐，调整文本位置，如图12-12所示。

图12-12

08 将"片头"字幕素材拖曳至视频轨道【V2】上的00:00:02:06位置，如图12-13所示。

09 执行"片头"字幕素材右键菜单中的【速度/持续时间】命令，设置【剪辑速度/持续时间】的【持续时间】为00:00:05:16，如图12-14所示。

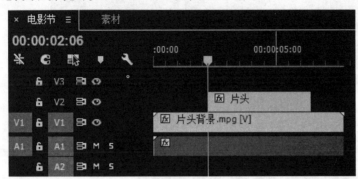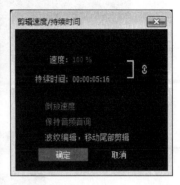

图12-13　　　　　　　　　　　　　　　　　　图12-14

10 激活【效果】面板，将【视频效果】|【过渡】|【块溶解】效果添加到素材上。将当前时间线移动到00:00:02:06位置，设置【过渡完成】为100%，【块宽度】为20.0，【块高度】为20.0，如图12-15所示；将当前时间线移动到00:00:04:20位置，设置【过渡完成】为0。

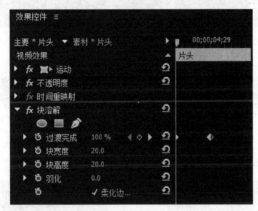

图12-15

11 选中序列中的素材，执行右键菜单中的【制作子序列】命令，如图12-16所示。

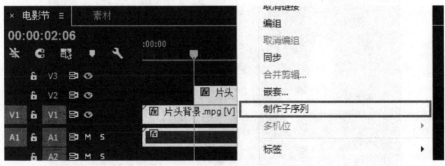

图12-16

12 删除轨道中所有的素材，将新添加到【项目】面板中的"电影节_Sub_01"素材拖曳至视频轨道【V1】上，如图12-17所示。

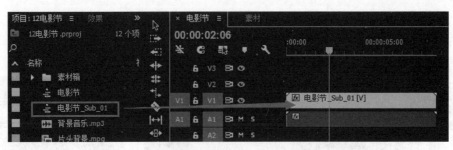

图12-17

13 将【视频过渡】|【溶解】|【渐隐为黑色】效果添加到00:00:07:22位置的素材上，如图12-18所示。

图12-18

12.4　制作运动画面场景

01 将"电影节素材.mpg"素材在【源监视器】面板中显示，设置标记入点为00:00:01:14，标记出点为00:00:01:29，如图12-19所示。

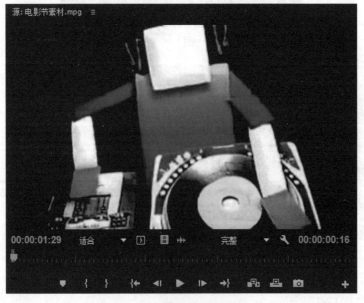

图12-19

02 将当前时间线移动到00:00:07:22位置，利用插入按钮 ■，将【源监视器】面板中的剪辑插入到视频轨道【V1】上，如图12-20所示。

图12-20

03 将"电影节素材.mpg"素材在【源监视器】面板中显示，设置标记入点为00:00:07:12，标记出点为00:00:07:29，如图12-21所示。

图12-21

04 将当前时间线移动到00:00:08:08位置，利用插入按钮 ■，将【源监视器】面板中的剪辑插入到视频轨道【V1】上，如图12-22所示。

图12-22

05 将"电影节素材.mpg"素材在【源监视器】面板中显示，设置标记入点为00:00:12:06，标记出点为00:00:12:24，如图12-23所示。

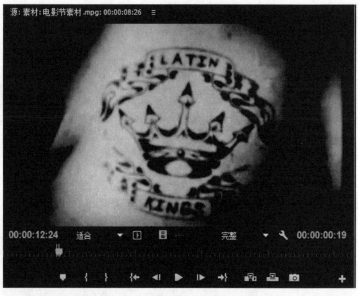

图12-23

06 将当前时间线移动到 00:00:08:26位置，利用插入按钮🖽，将【源监视器】面板中的剪辑插入到视频轨道【V1】上，如图12-24所示。

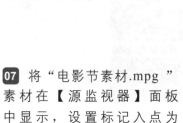

图12-24

07 将"电影节素材.mpg"素材在【源监视器】面板中显示，设置标记入点为 00:00:30:08，标记出点为 00:00:31:14，如图12-25所示。

图12-25

08 将当前时间线移动到00:00:09:15位置，利用插入按钮，将【源监视器】面板中的剪辑插入到视频轨道【V1】上，如图12-26所示。

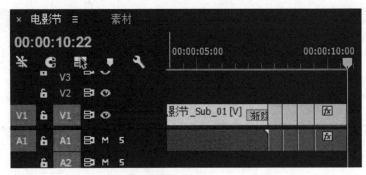

图12-26

09 将"电影节素材.mpg"素材在【源监视器】面板中显示，设置标记入点为00:00:35:04，标记出点为00:00:35:23，如图12-27所示。

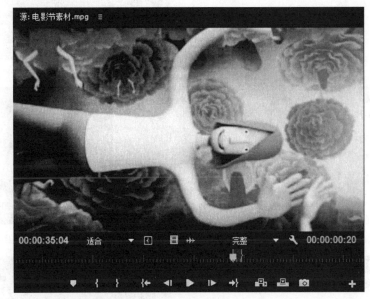

图12-27

10 将当前时间线移动到00:00:10:22位置，利用插入按钮，将【源监视器】面板中的剪辑插入到视频轨道【V1】上，如图12-28所示。

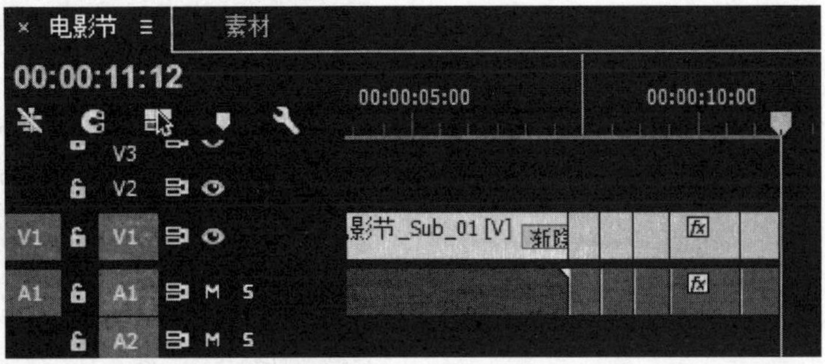

图12-28

11 将"电影节素材.mpg"素材在【源监视器】面板中显示，设置标记入点为00:01:13:20，标记出点为00:01:14:07，如图12-29所示。

图12-29

12 将当前时间线移动到00:00:11:12位置，利用插入按钮 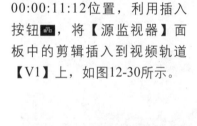，将【源监视器】面板中的剪辑插入到视频轨道【V1】上，如图12-30所示。

图12-30

13 将"电影节素材.mpg"素材在【源监视器】面板中显示，设置标记入点为00:00:50:22，标记出点为00:00:51:09，如图12-31所示。

图12-31

14 将当前时间线移动到00:00:12:00位置，利用插入按钮 ，将【源监视器】面板中的剪辑插入到视频轨道【V1】上，如图12-32所示。

图12-32

15 将"电影节素材.mpg"素材在【源监视器】面板中显示，设置标记入点为00:01:05:16，标记出点为00:01:06:05，如图12-33所示。

图12-33

16 将当前时间线移动到00:00:12:18位置，利用插入按钮 ，将【源监视器】面板中的剪辑插入到视频轨道【V1】上，如图12-34所示。

图12-34

12.5 制作静止画面场景

01 将"电影节素材.mpg"素材在【源监视器】面板中显示，设置标记入点为00:00:39:18，标记出点为00:00:42:09，如图12-35所示。

图12-35

02 将当前时间线移动到00:00:13:08位置，利用插入按钮，将【源监视器】面板中的剪辑插入到视频轨道【V1】上，如图12-36所示。

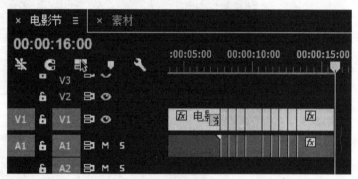

图12-36

03 将当前时间线移动到00:00:08:08位置，利用【剃刀工具】将素材裁切，如图12-37所示。

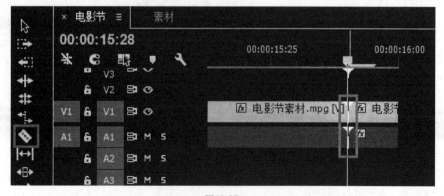

图12-37

04 激活当前时间线，移动00:00:13:08位置右侧的素材，执行右键菜单中的【帧定格选项】命令，如图12-38所示。

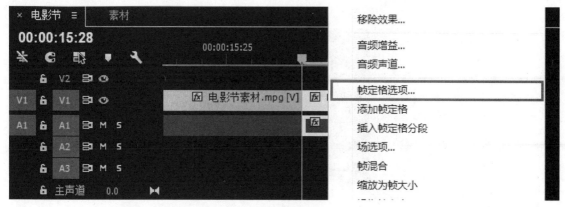

图12-38

05 拖曳素材右侧的出点位置，使素材的持续时间为00:00:00:16，如图12-39所示。

图12-39

06 将当前时间线移动到00:00:16:14位置，将素材"镜头1.jpg"、"镜头2.jpg"、"镜头3.jpg"和"镜头4.jpg"拖曳至视频轨道【V1】上，如图12-40所示。

图12-40

07 分别执行"镜头1.jpg"、"镜头2.jpg"、"镜头3.jpg"和"镜头4.jpg"素材右键菜单中的

【速度/持续时间】命令，设置【剪辑速度/持续时间】的持续时间为00:00:00:06、00:00:00:06、00:00:00:07和00:00:00:07，如图12-41所示。

图12-41

08 在素材之间的空隙处，执行右键菜单中的【波形删除】命令，如图12-42所示。

图12-42

09 激活"镜头1.jpg"素材的【效果控件】面板，设置【运动】|【缩放】为52.0，如图12-43所示。

10 激活"镜头2.jpg"素材的【效果控件】面板，设置【运动】|【位置】为(256.0,214.0)，【缩放】为36.0，如图12-44所示。

11 激活"镜头3.jpg"素材的【效果控件】面板，设置【运动】|【位置】为(256.0,164.0)，【缩放】为75.0，如图12-45所示。

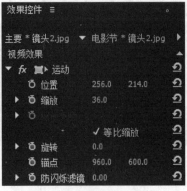
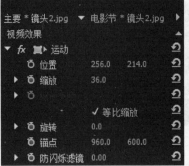

图12-43　　　　　　　　　图12-44　　　　　　　　　图12-45

12 新建字幕，命名称为"字幕背景"，如图12-46所示。

图12-46

13 使用【矩形工具】创建背景，设置【填充】的【填充类型】为"径向渐变"，【颜色】分别为(20,20,20)和(0,0,0)，如图12-47所示。

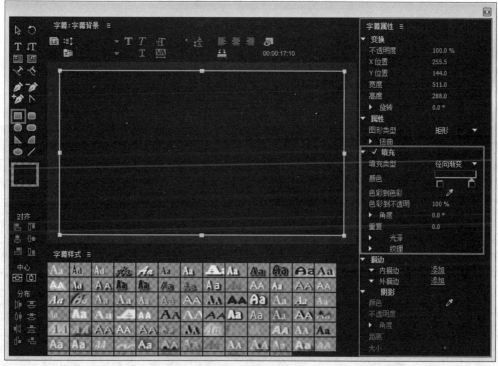

图12-47

14 将"字幕背景"字幕素材拖曳至视频轨道【V1】上的00:00:17:10位置，如图12-48所示。

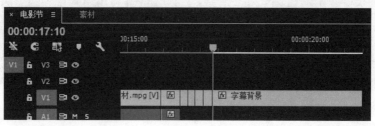

图12-48

15 执行"字幕背景"字幕素材右键菜单中的【速度/持续时间】命令，设置【剪辑速度/持续时间】的【持续时间】为00:00:01:08，如图12-49所示。

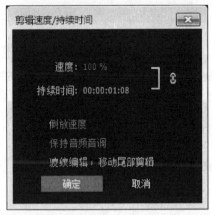

图12-49

16 新建字幕，命名称为"字幕2"，使用【文字工具】创建文本，输入文本为"2016"； 设置【属性】的【字体系列】为"Microsoft Tai Le"，【字体样式】为"Bold"；设置【填充】的【颜色】为(255,255,255);利用居中工具将文本放置在屏幕中心，如图12-50所示。

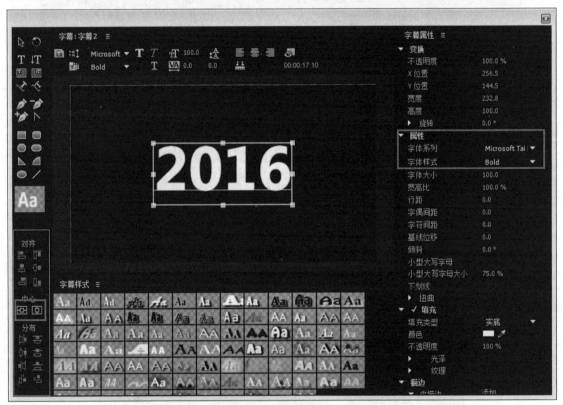

图12-50

17 关闭"字幕2"字幕面板。将【项目】面板中的"字幕2"素材拖曳至视频轨道【V2】中，并与视频轨道【V1】素材对齐。执行素材右键菜单中的【速度/持续时间】命令，设置【剪辑速度/持续时间】的持续时间为00:00:00:12，如图12-51所示。

图12-51

18 激活"字幕2"的【效果控件】面板，分别将当前时间线移动到00:00:17:10、00:00:17:13、00:00:17:16和00:00:17:19位置，设置【运动】|【缩放】为100.0、50.0、20.0和0.0，并在关键帧上执行右键菜单中的【定格】命令，如图12-52所示。

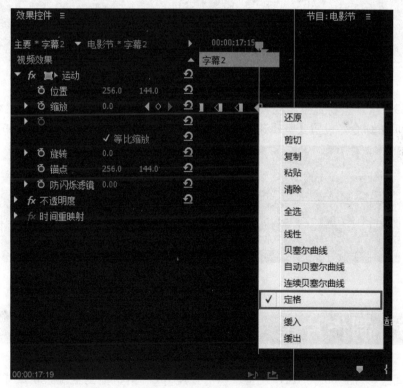

图12-52

19 新建字幕，命名称为"字幕03"，使用【文字工具】创建文本，输入文本为"国际电影节"；设置【属性】的【字体系列】为"微软雅黑"，【字体样式】为"Bold"，【字体大小】为66.0；设置【填充】的【颜色】为(255,255,255)；利用居中工具将文本放置在屏幕中心，如图12-53所示。

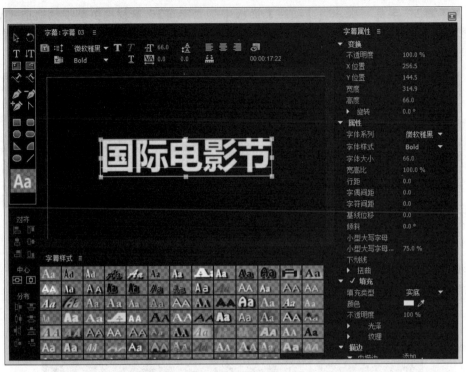

图12-53

20 将"字幕03"字幕素材拖曳至视频轨道【V2】上的00:00:17:22位置；执行素材右键菜单中的【速度/持续时间】命令，设置【剪辑速度/持续时间】的持续时间为00:00:00:26，如图12-54所示。

图12-54

12.6 制作片尾

01 将当前时间线移动到00:00:18:18位置，将"片尾.jpg"素材拖曳至视频轨道【V1】上，如图12-55所示。

02 执行素材右键菜单中的【速度/持续时间】命令，设置【剪辑速度/持续时间】的持续时间为00:00:01:24，如图12-56所示。

03 激活"片尾.jpg"素材的【效果控件】面板，设置【运动】|【位置】为(282.0,144.0)，【缩放】为45.0，如图12-57所示。

图12-55

图12-56

图12-57

04 新建字幕，命名称为"字幕04"，使用【文字工具】创建文本，输入文本为"作品"； 设置【属性】的【字体系列】为"微软雅黑"，【字体样式】为"Bold"，【字体大小】为35.0； 设置【填充】的【颜色】为(0,0,0)，如图12-58所示。

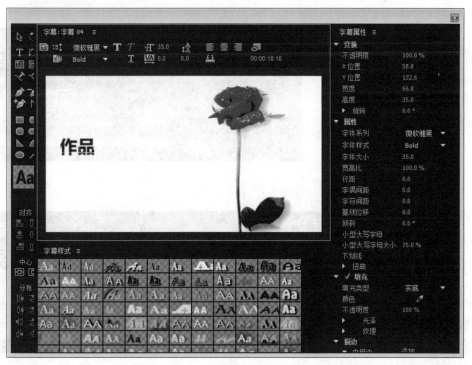

图12-58

05 将"字幕04"字幕素材拖曳至视频轨道【V2】上的00:00:18:26位置，并将出点位置与视频轨道【V1】素材对齐，如图12-59所示。

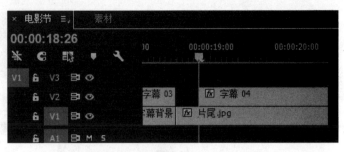

图12-59

06 在【项目】面板中复制两个"字幕04"字幕，分别重新命名为"字幕05"和"字幕06"，如图12-60所示。

图12-60

07 将"字幕05"字幕素材拖曳至视频轨道【V3】上的00:00:19:02位置，并将出点位置与视频轨道【V1】素材对齐，如图12-61所示。

图12-61

08 将"字幕06"字幕素材拖曳至视频轨道【V3】上方空白处，自动创建视频轨道【V4】，并将"字幕06"字幕素材出点调整为00:00:19:10位置，将出点位置与视频轨道【V1】素材对齐，如图12-62所示。

图12-62

09 调整"字幕05"字幕素材，将文本修改为"征集"，设置【变换】的【X位置】为151.6，如图12-63所示。

图12-63

10 调整"字幕05"字幕素材，将文本修改为"征集"，设置【变换】的【X位置】为229.3，如图12-64所示。

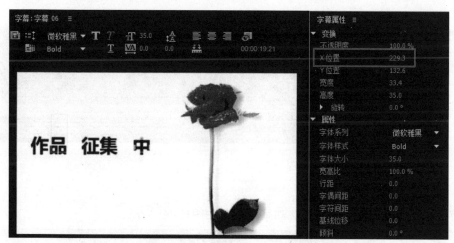

图12-64

11 选择00:00:18:18位置右侧序列中的所有素材，执行右键菜单中的【嵌套】命令，如图12-65所示。

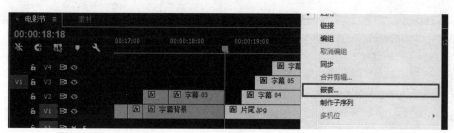

图12-65

12 将【视频过渡】|【溶解】|【渐隐为黑色】效果添加到 00:00:20:12 位置的"嵌套序列 01"上，设置【渐隐为黑色】效果的【持续时间】为 00:00:00:14，如图 12-66 所示。

图 12-66

13 选择 00:00:07:22 位置右侧序列中的所有素材，执行右键菜单中的【取消链接】命令，选择音频轨道上的全部素材，然后按键盘上的 Delete 键，如图 12-67 所示。

图 12-67

14 将【项目】面板中的"背景音乐.mp3"素材拖至音频轨道【V1】上的 00:00:07:22 位置，如图 12-68 所示。

图 12-68

15 在【节目监视器】面板上查看最终动画效果，如图 12-69 所示。

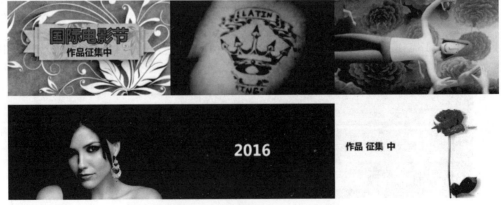

图 12-69

第13章

| 综合实训：新闻联播

栏目包装是面向传媒竞争、寻求品牌发展、建立品牌形象的重要手段之一，主要把栏目标识、片头片尾、声音造型、音乐节奏和字体，进行一系列的规定和定位，使之与栏目内容相融合。新闻联播是最为常见的栏目包装，突出新闻事实性和全球性，将有代表性的元素融入栏目展示中。

| 13.1   案例思路

　　将精彩的画面进行展示拼接，将具有代表性的元素创建为具有视觉冲击力的效果。本案例是电视频道的新闻联播栏目，主要分为3部分，分别是"场景一"、"场景二"和"场景三"，如图13-1所示。

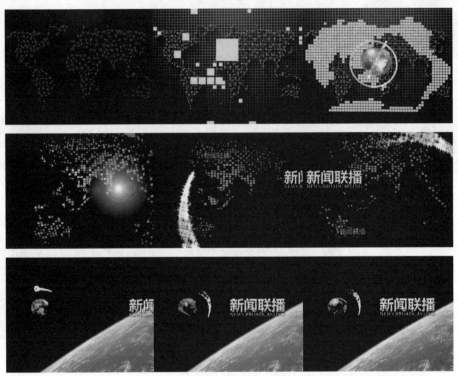

图13-1

| 13.2   设置项目

01 打开Premiere Pro CC软件，在【欢迎使用】界面上单击【新建项目】按钮，如图13-2所示。

图13-2

02 在【新建项目】对话框中，输入项目名称为"新闻联播"，并设置项目储存位置，单击【确定】按钮，如图13-3所示。

03 执行【文件】|【新建】|【序列】命令，在【新建序列】对话框的【设置】选项卡中，设置【编辑模式】为"自定义"，【时基】为25.00帧/秒，【帧大小】为1024×768，【像素长宽比】为"方形像素(1.0)"，【序列名称】为"新闻联播"，如图13-4所示。

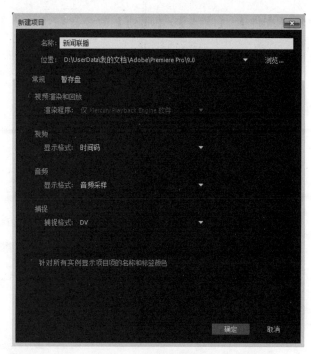

图13-3

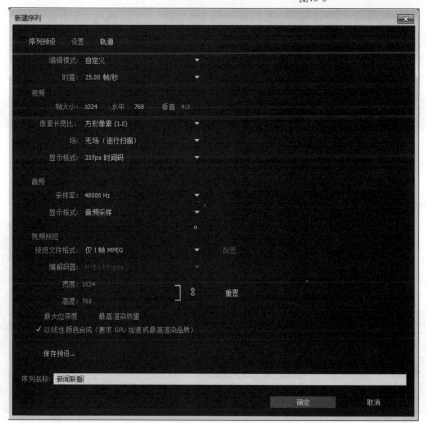

图13-4

04 执行【文件】|【导入】|【序列】命令，在【导入】对话框中选择案例素材，如图13-5所示。

图13-5

| 13.3 场景一 🔍 ➡

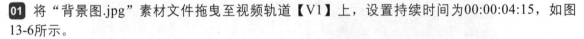

01 将 "背景图.jpg" 素材文件拖曳至视频轨道【V1】上，设置持续时间为00:00:04:15，如图13-6所示。

02 激活 "背景图.jpg" 素材的【效果控件】面板，设置【运动】|【缩放】为160.0，如图13-7所示。

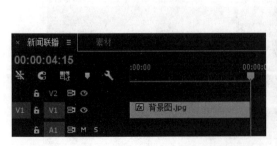

图13-6

图13-7

03 将当前时间线移动到00:00:00:11位置，对视频轨道【V1】上的"背景图.jpg"素材进行裁切，如图13-8所示。

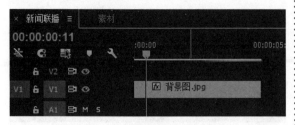

图13-8

04 激活【效果】面板，将【视频效果】|【生成】|【网格】效果添加到第二个素材上，并设置【边角】为(373.0,254.6)，【边框】为3.0，【混合模式】为"叠加"，如图13-9所示。

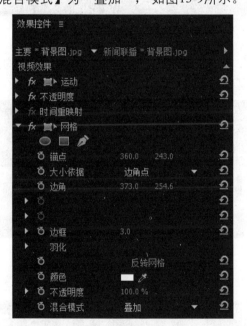

图13-9

05 将【视频过渡】|【擦除】|【随机擦除】效果添加到00:00:00:11位置的素材上，如图13-10所示。

06 设置【随机擦除】效果的【持续时间】为00:00:00:20，【对齐】为"起点切入"，如图13-11所示。

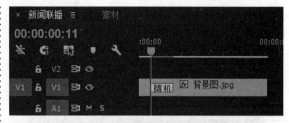

图13-10

图13-11

07 将"方格飞入"序列素材拖曳至视频轨道【V2】上的00:00:01:00位置，如图13-12所示。

图13-12

08 激活"方格飞入"序列素材的【效果控件】面板，设置【运动】|【缩放】为170.0，如图13-13所示。

图13-13

09 激活【效果】面板，将【视频效果】|【颜色校正】|【更改为颜色】效果添加到"方格飞入"序列素材上。设置【至】为(255,234,93)，【更改】为"色相、亮度和饱和度"，如图13-14所示。

图13-14

10 将视频轨道【V2】上的"方格飞入"序列素材继续复制，并将出点位置与视频轨道【V1】素材对齐，如图13-15所示。

11 将当前时间线移动到00:00:04:13位置，

在所复制的"方格飞入"序列素材上执行右键菜单中的【帧定格选项】，设置【帧】为00:00:01:12，如图13-16所示。

图13-15

图13-16

12 将"地球飞入"序列素材拖曳至视频轨道【V3】上的00:00:01:14位置，如图13-17所示。

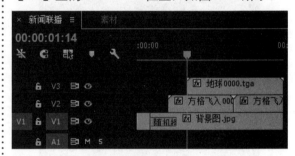

图13-17

13.4 场景二

01 将"背景"序列素材拖曳至视频轨道【V1】上的00:00:04:15位置，如图13-18所示。

02 激活"背景图.jpg"素材的【效果控件】面板，设置【运动】|【缩放】为135.0，如图13-19所示。

03 执行【字幕】|【新建字幕】|【默认游动字幕】命令，如图13-20所示。

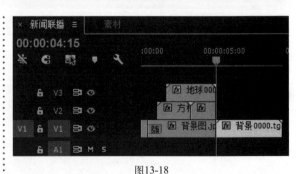

图13-18

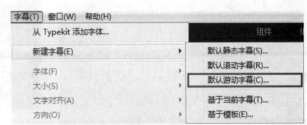

图13-19　　　　　　　　　　　　　　图13-20

04 使用【文字工具】创建文本，输入文本为"新闻联播"；设置【属性】的【字体系列】为"微软雅黑"，【字体样式】为"Bold"，【字体大小】为100.0；设置【填充】的【颜色】为(255,255,76)。在下一行输入文本为"NEWS BROADCASTING"；设置【属性】的【字体系列】为"Adobe Devanagari"，【字体样式】为"Bold"，【字体大小】为39.0；设置【填充】的【颜色】为(255,255,76)。添加外描边，设置【类型】为"边缘"，【大小】为10.0，如图13-21所示。

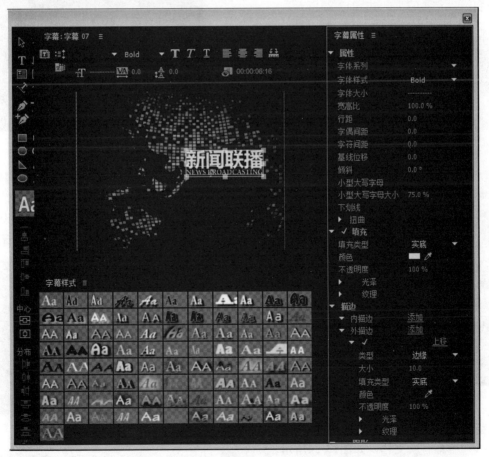

图13-21

05 复制多个文本，并调节透明度和大小，如图13-22所示。

图13-22

06 在【项目】面板中复制"字幕01"字幕，并重新名为"字幕02"，如图13-23所示。

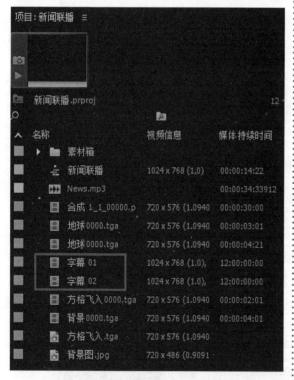

图13-23

07 调整文本位置、大小和透明度，使其与"字幕01"字幕有所交错，如图13-24所示。

图13-24

08 激活"字幕01"的【滚动/游动选项】面板，设置【字幕类型】为"向左游动"，勾选【开始于屏幕外】和【结束于屏幕外】选项，设置【缓入】为50，【缓出】为20，如图13-25所示。

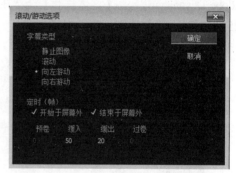

图13-25

09 激活"字幕02"的【滚动/游动选项】面板，设置【字幕类型】为"向右游动"，勾选【开始于屏幕外】和【结束于屏幕外】选项，设置【缓入】为50，【缓出】为10，如图13-26所示。

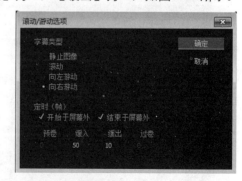

图13-26

10 分别将"字幕01"和"字幕02"字幕

素材拖曳至视频轨道【V2】和【V3】上的00:00:04:15位置，并将出点位置与视频轨道【V1】素材对齐，如图13-27所示。

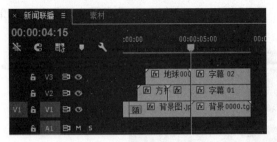

图13-27

11 将"流光序列"序列素材拖曳至视频轨道【V4】上的00:00:04:15位置，如图13-28所示。

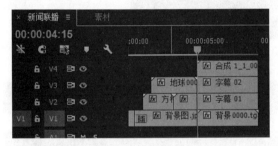

图13-28

12 激活"流光序列"序列素材的【效果控件】面板，设置【运动】|【位置】为(786.0,385.0)，【缩放】为240.0，【旋转】为105.0°；【不透明度】|【混合模式】为"柔光"，如图13-29所示。

图13-29

13 激活【项目】面板，执行右键菜单中的【新建项目】|【黑场视频】命令，将"黑场视频"拖曳至视频轨道【V5】上的00:00:04:04位置，如图13-30所示。

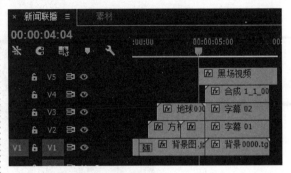

图13-30

14 执行右键菜单中的【速度/持续时间】命令，设置【剪辑速度/持续时间】的【持续时间】为00:00:01:05，如图13-31所示。

图13-31

15 激活"黑场视频"素材的【效果控件】面板，设置【不透明度】|【混合模式】为"滤色"，如图13-32所示。

图13-32

16 激活【效果】面板，将【视频效果】|【生成】|【镜头光晕】效果添加到素材上。将当前时间线移动到00:00:04:04位置，设置【光晕中心】为(-343.4,307.2)，【光晕亮度】为147%；将当前时间线移动到00:00:04:15位置，设置【光晕中心】为(550.3,385.2)，【光晕亮度】为213%；将当前时间线移动到00:00:05:08位置，设置【光晕中心】为(1142.6,307.2)，【光晕亮度】为0，如图13-33所示。

图13-33

13.5　场景三

01 将"地球背景.jpg"素材拖曳至视频轨道【V1】上的00:00:08:16位置，执行右键菜单中的【速度/持续时间】命令，设置【剪辑速度/持续时间】的【持续时间】为00:00:06:10，如图13-34所示。

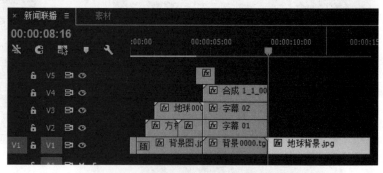

图13-34

02 激活"地球背景.jpg"素材的【效果控件】面板，设置【运动】|【位置】为(689.0, 518.0)，【缩放】为141.0，如图13-35所示。

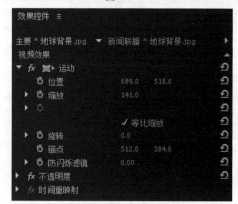

图13-35

03 将"流光序列"序列素材拖曳至【V2】上的00:00:08:16位置，如图13-36所示。

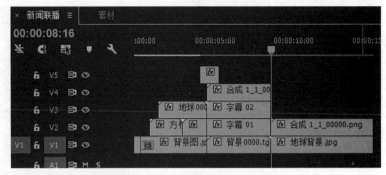

图13-36

04 激活"流光序列"序列素材的【效果控件】面板，设置【运动】|【位置】为(205.0,327.0)，【缩放】为67.4；【不透明度】|【混合模式】为"强光"，如图13-37所示。

图13-37

05 将"地球自转"序列素材拖曳至视频轨道【V3】上的00:00:08:16位置，如图13-38所示。

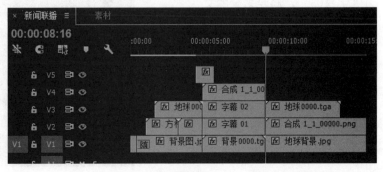

图13-38

06 激活"地球自转"序列素材的【效果控件】面板，设置【运动】|【位置】为(300.0,335.0)，【缩放】为65.0，如图13-39所示。

图13-39

07 将视频轨道【V3】中的"地球自转"序列素材继续复制，并将出点位置与视频轨道【V1】素材对齐，如图13-40所示。

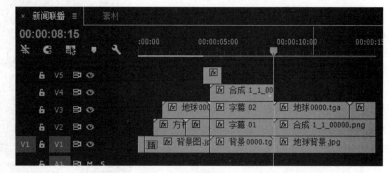

图13-40

08 在【项目】面板中复制"字幕01"字幕，并重新命名为"字幕03"，删除多余的文本，如图13-41所示。

图13-41

09 激活"字幕03"的【滚动/游动选项】面板，设置【字幕类型】为"静止图像"，如图13-42所示。

10 将"字幕03"字幕素材拖曳至视频轨道【V4】上的00:00:08:16位置，并将出点位置与视频轨道【V1】素材对齐，如图13-43所示。

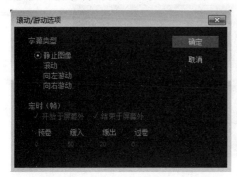

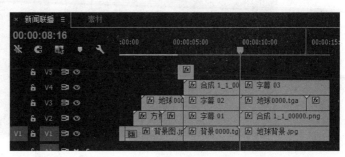

图13-42   图13-43

11 激活"字幕03"字幕的【效果控件】面板，将当前时间线移动到00:00:08:16位置，设置【运动】|【位置】为(1018.0，384.0)；将当前时间线移动到00:00:09:20，设置【位置】为(512.0,384.0)，如图13-44所示。

12 激活【效果】面板，将【视频效果】|【透视】|【斜面Alpha】效果添加到素材上，设置【边缘厚度】为12.40，【光照角度】为-24.0，【光照强度】为0.60，如图13-45所示。

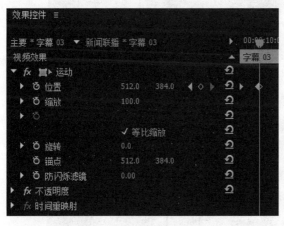

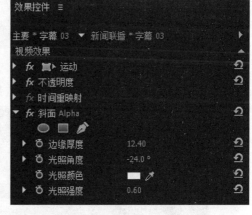

图13-44   图13-45

13 将视频轨道【V4】上的"字幕03"字幕素材复制到将视频轨道【V5】上，并删除【位置】关键帧动画。设置【运动】|【位置】为(512.0,433.0)；设置【不透明度】|【不透明度】为70.0%，【混合模式】为"线性减淡(添加)"，如图13-46所示。

14 激活【效果】面板，将【视频效果】|【变换】|【垂直翻转】和【过渡】|【线性擦除】效果添加到素材上。将当前时间线移动到00:00:10:00位置，设置【线性擦除】|【过渡完成】为52%，【擦除角度】为180.0°，【羽化】为0.0；将当前时间线移动到00:00:11:11位置，设置【羽化】为228.0，如图13-47所示。

图13-46　　　　　　　　　　　　　　　　　　图13-47

15 将【项目】面板中的"新闻联播.mp3"素材拖曳至音频轨道【V1】上，如图13-48所示。

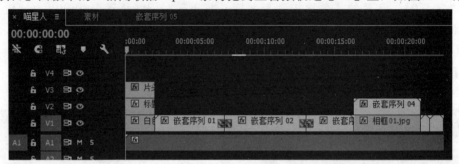

图13-48

16 在【节目监视器】面板上查看最终动画效果，如图13-49所示。

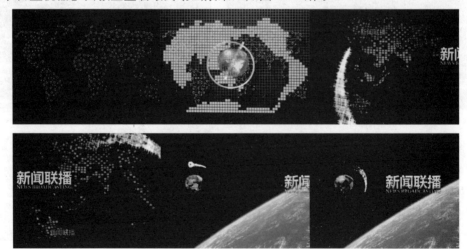

图13-49